石油化工安装工程技能操作人员技术问答丛书

起重工

丛 书 主 编　吴忠宪

本 册 主 编　董克学

本册执行主编　赵喜平

中国石化出版社

图书在版编目（CIP）数据

起重工/ 董克学主编 . —北京：中国石化出版社，
2018. 7
（石油化工安装工程技能操作人员技术问答丛书／
吴忠宪主编）
ISBN 978－7－5114－4802－6

Ⅰ.①起… Ⅱ.①董… Ⅲ.①起重机械-操作
Ⅳ.①TH21

中国版本图书馆 CIP 数据核字（2018）第 151298 号

中国石化出版社出版发行
地址:北京市朝阳区吉市口路 9 号
邮编:100020　电话:(010)59964500
发行部电话:(010)59964526
http://www. sinopec-press. com
E-mail:press@ sinopec. com
北京富泰印刷有限责任公司印刷
全国各地新华书店经销
*
880×1230 毫米 32 开本 6.75 印张 156 千字
2018 年 8 月第 1 版　2018 年 8 月第 1 次印刷
定价:30.00 元

序　一

《石油化工安装工程技能操作人员技术问答丛书》（以下简称《丛书》）就要正式出版了，这是继《设计常见问题手册》出版后炼化工程在"三基"工作方面完成的又一项重要工作。

《丛书》图文并茂，采用问答的形式对工程建设过程的工序和技术要求进行了诠释，充分体现了实用性、准确性和先进性的结合，对安装工程技能操作人员学习掌握基础理论、增强安全质量意识、提高操作技能、解决实际问题、全面提高施工安装的水平和工程建设降本增效一定会发挥重要的作用。

我相信，这套《丛书》一定会成为行业培训的优秀教材并运用到工程建设的实践，同时得到广大读者的认可和喜爱。在《丛书》出版之际，谨向《丛书》作者和专家同志们表示衷心的感谢！

中国石油化工集团公司副总经理

中石化炼化工程（集团）股份有限公司董事长

2018 年 5 月 16 日

序　二

近年来，随着石油化工行业的高速发展，工程建设的项目管理理念、方法日趋完善；装备机械化、管理信息化程度快速提升；新工艺、新技术、新材料不断得到应用；为工程建设的安全、质量和降本增效提供了保障。基于石油化工安装工程是一个劳动密集型行业，劳动力资源正处在向社会化过渡阶段，工程建设行业面临系统内的员工教培体系弱化，社会培训体系尚未完全建立，急需解决普及、持续提高参与工程建设者的基础知识、基本技能的问题。为此，我们组织编制了《石油化工安装工程技能操作人员技术问答丛书》（以下简称《丛书》），旨在满足行业内初、中级工系统学习和提高操作技能的需求。

《丛书》包括专业施工操作技能和施工技术质量两个方面的内容，将如何解决施工过程中出现的"低老坏"质量问题作为重点。操作技能方面内容编制组织技师群体参与，技术质量方面内容主要由技术质量人员完成，涵盖最新技术规范规程、标准图集、施工手册的相关要求。

《丛书》从策划到出版，近两年的时间，百余位有着较深理论水平和现场丰富经验的专家做出了极大努力，查阅大量资料，克服各种困难，伏案整理写作，反复修改文稿，终成这套《丛书》，集公司专家最佳工作实践之大成。通过《丛书》的使用提高技能，更好地完成工作，是对他们最好的感谢。

在《丛书》出版之际，我代表编委会向参编的各位专家、向所有为《丛书》提供相关资料和支持的单位和同志们表示衷心的感谢！

中石化炼化工程（集团）股份有限公司副总经理
《丛书》编委会主任

2018 年 5 月 16 日

前　言

石油化工生产过程具有"高温高压、易燃易爆、有毒有害"的特点，要实现"安、稳、长、满、优"运行，确保安装工程的施工质量是重要前提。"施工的质量就是用户的安全"应成为石油化工安装工程遵循的基本理念。

"工欲善其事，必先利其器"。要提高石油化工安装工程质量，首先要提高安装工程技能操作人员队伍的素质。当前，面临分包工程比重日益上升的现状，为数众多的初、中级工的培训迫在眉睫，而国内现有出版的石油化工安装工人培训书籍或者侧重于理论知识，或者侧重于技师等较高技能工人群体，尚未见到系统性的、主要针对初、中级工的专业培训书籍。为此，中石化炼化工程（集团）股份有限公司策划和组织专家编写了《石油化工安装工程技能操作人员技术问答丛书》，希望通过本丛书的学习和应用，能推动石油化工安装技能操作人员素质的提升，从而提高施工质量和效率，降低安全风险和成本，造福于海内外石油化工施工企业、石化用户和社会。

丛书遵循与现行国家标准规范协调一致、实用、先进的原则，以施工现场的经验为基础，突出实际操作技能，适当结合理论知识的学习，采用技术问答的形式，将施工现场的"低老坏"质量问题如何解决作为重点内容，同时提出专业施工的 HSSE 要求，适用于石油化工安装工程技能操作人员，尤其是初、中级工学习使用，也可作为施工技术人员进行技术培训所用。

丛书分为九卷，涵盖了石油化工安装工程管工、金属结构制作工、电焊工、钳工、电气安装工、仪表安装工、起重工、油漆工、保温工等九个主要工种。每个工种的内容根据各自工种特点，均包括以下四个部分：

第一篇，基础知识。包括专业术语、识图、工机具等概念，强调该工种应掌握的基础知识。

第二篇，基本技能。按专业施工工序及作业类型展开，强调该工种实际的工作操作要点。

第三篇，质量控制。尽量采用图文并茂形式，列举该工种常见的质量问题，强调问题的状况描述、成因分析和整改措施。

第四篇，安全知识。强调专业施工安全要求及与该工种相关的通用安全要求。

《石油化工安装工程技能操作人员技术问答丛书》由中石化炼化工程（集团）股份有限公司牵头组织，《管工》和《金属结构制作工》由中石化宁波工程有限公司编写，《电气安装工》由中石化南京工程有限公司编写，《仪表安装工》《保温工》和《油漆工》由中石化第四建设有限公司编写，《钳工》由中石化第五建设有限公司编写，《起重工》和《电焊工》由中石化第十建设有限公司编写，中国石化出版社对本丛书的编辑和出版工作给予了大力支持和指导，在此谨表谢意。

石油化工安装工程涉及面广，技术性强，由于我们水平和经验有限，书中难免存在疏漏和不妥之处，热忱希望广大读者提出宝贵意见。

丛书主编 吴忠亮

2018 年 5 月 16 日

刘小平　中石化宁波工程有限公司 高级工程师

李永红　中石化宁波工程有限公司副总工程师兼技术部主任 教授级高级工程师

宋纯民　中石化第十建设有限公司技术质量部副部长 高级工程师

肖珍平　中石化宁波工程有限公司副总经理 教授级高级工程师

张永明　中石化第五建设有限公司技术部副主任 高级工程师

张宝杰　中石化第四建设有限公司副总经理 教授级高级工程师

杨新和　中石化第四建设有限公司技术部副主任 高级工程师

赵喜平　中石化第十建设有限公司副总工程师兼技术质量部部长 教授级高级工程师

南亚林　中石化第五建设有限公司总工程师 高级工程师

高宏岩　中石化炼化工程（集团）股份有限公司 高级工程师

董克学　中石化第十建设有限公司副总经理 教授级高级工程师

《石油化工安装工程技能操作人员技术问答丛书》

主　　编：吴忠宪　中石化第十建设有限公司党委书记兼副总经理 教授级高级工程师

副 主 编：刘小平　中石化宁波工程有限公司 高级工程师

孙桂宏　中石化南京工程有限公司技术部副主任 高级工程师

杨新和　中石化第四建设有限公司技术部副主任 高级工程师

王永红　中石化第五建设有限公司技术部主任 高级工程师

赵喜平　中石化第十建设有限公司副总工程师兼技术质量部部长 教授级高级工程师

高宏岩　中石化炼化工程（集团）股份有限公司高级工程师

《起重工》 分册编写组

主　　编：董克学　中石化第十建设有限公司副总经理 教授级高级工程师

执 行 主 编：赵喜平　中石化第十建设有限公司副总工程师兼技术质量部主任 教授级高级工程师

副 主 编：宋纯民　中石化第十建设有限公司技术质量部副主任 高级工程师

编　　委：马　寅　中石化重型起重运输工程有限责任公司青岛公司副经理 高级工程师

　　　　　王少刚　中石化第十建设有限公司重机分公司副经理　高级工程师

　　　　　唐行广　中石化第十建设有限公司 起重首席技师

　　　　　庄　波　中石化重型起重运输工程有限责任公司青岛分公司 高级工程师

　　　　　谭道芳　中石化重型起重运输工程有限责任公司青岛分公司 高级工程师

　　　　　姜荣华　中石化重型起重运输工程有限责任公司青岛分公司 高级工程师

王加银　中石化第十建设有限公司 工程师
姜志光　中石化重型起重运输工程有限责任公司青
　　　　岛分公司 高级技师
贾明伟　中石化重型起重运输工程有限责任公司青
　　　　岛分公司 高级技师
江坚平　中石化宁波工程有限公司 高级工程师
贾桂军　中石化南京工程有限公司 高级工程师
仇俊岳　中石化第四建设有限公司 教授级高级工程师
岳　敏　中石化第五建设有限公司 高级工程师
孙吉产　中石化第十建设有限公司 教授级高级工程师
焦　博　大连理工大学 博士

目　　录

第一篇　基础知识

第二篇　基本技能

第三篇 违章案例

第四篇 安全知识

附　录

第一篇　基础知识

第一章 术语

1. 什么是工件？

设备、部件及构件等起重作业的对象。

2. 什么是起重作业？

工程项目施工中对工件进行移动的作业，包括装卸、翻转、场(厂)内运输和吊装等。

3. 什么是吊装作业？

在起重机械的作用下，将工件从一个位置移动到另一个位置的作业过程，以垂直移动为主。

4. 什么是运输作业？

在运输机械的作用下，将工件从一个位置移动到另一个位置的作业过程，以水平移动为主。

5. 什么是起重机械？

各种用于提升工件的机械或装置，包括起重机、卷扬机、提升(顶升)系统、电动葫芦、桅杆、吊装架、滑轮系统等。

6. 什么是流动式起重机？

履带起重机、轮胎起重机、汽车起重机和全路面起重机等无轨道可移动起重机的统称。

7. 什么是超起工况？

起重机械为增加其起重能力而在其后方增设附加配重系统形

成的吊装作业工况。

8. 什么是手拉葫芦(倒链)?

由人力通过曳引链和链轮驱动,经星轮或有槽链卷放起重链条,以带动取物装置升降的起重工具。

9. 什么是电动葫芦?

由电力驱动,经卷筒、星轮或有槽链轮卷放绳索或链条,带动取物装置升降的起重机械。

10. 什么是卷扬机?

由机械动力驱动卷筒卷绕绳索来完成牵引工作的装置。

11. 什么是滑轮组?

由定滑轮、动滑轮及绕过它的绳索组成的起重工具。

12. 什么是桅杆(抱杆)?

用于吊装作业的钢质柱状结构的统称。

13. 什么是排子?

采用牵引机械作为动力,以滚动或滑动方式,用于承载并且近距离移动工件的构件。

14. 什么是尾排?

滑移法吊装立式工件时,承载工件尾部配合工件吊装的排子。

15. 什么是脱排?

滑移法吊装立式工件的吊装作业中,在提升力和溜尾力的作用下,尾排运行至规定位置时,工件尾部离开尾排的过程。

16. 什么是滚杠?

置于工件或排子下方,以滚动的形式移动工件的一种钢管或圆钢。

17. 什么是缆风绳？

用于锁定桅杆或工件，使其在风载荷、吊装受力及自身重量等力的作用下保持稳定状态的钢绳索。

18. 什么是溜绳（诱导绳）？

吊装作业中，用于保持工件稳定的一种绳索。

19. 什么是走绳（跑绳）？

从卷筒引出，连接滑轮等起重装置的绳索。

20. 什么是地锚？

用来锚固卷扬机、导向滑轮、缆风绳、起重机或桅杆平衡绳等，埋设于地下的特殊固定装置。

21. 什么是地基处理？

在吊装施工中，为达到起重机械或工件运行和站位地基承载力要求，对吊装作业所涉及的场地进行处置，改变此场地的组成或结构。

22. 什么是吊耳？

起重作业中安装在工件上用于提升或牵引工件的吊点结构。

23. 什么是平衡梁（吊梁）？

在吊装工件时，用于绳索受力分配、保持绳索间距的一种支撑构件。

24. 什么是吊篮（吊笼）？

高空作业时，可垂直升降的载人载物的框式专用结构。

25. 什么是吊索？

用于连接工件与吊钩、承载设施等起吊装置的柔性元件，如：钢丝绳、吊带等。

26. 什么是吊具?

用于连接吊钩或承载设施和工件与吊索的刚性元件的统称，如：卸扣、拉板、平衡梁、连接件等。

27. 什么是吊装载荷?

工件、吊钩组件、吊索、吊具及其他附件等的质量的总和。

28. 什么是额定载荷?

在一定工况下，起重机械、吊索、吊具所允许承受的最大工作载荷。

29. 什么是计算载荷?

按相关标准规定，考虑系数之后计算得出的载荷。

30. 什么是吊装高度?

吊装作业时，工件顶部需达到的高度。

31. 什么是溜尾?

吊装立式工件时，配合工件提升所采取的控制工件尾部运行状态的作业。

32. 什么是试吊?

正式吊装前，起升工件，使工件离开支撑适当距离时，检查各个部位受力情况的吊装作业。

33. 什么是吊装令?

由相关管理权限人员签发的，允许正式起吊的指令文件。

第二章　吊索具

1. 常用吊索有哪些?

常用吊索有钢丝绳扣、钢丝绳圈、吊带、吊装链等,见图 1-2-1 ~ 图 1-2-4。

图 1-2-1　钢丝绳扣

图 1-2-2　钢丝绳圈

图 1-2-3　吊带

2. 常用吊具有哪些?

常用吊具有平衡梁、连接件、吊环、吊钩、拉板、卸扣、夹钳、吸盘及其他专用吊具等,如图 1-2-5 ~ 图 1-2-10 所示。

图 1-2-4　吊装链

图 1-2-5　平衡梁

图 1-2-6　连接件

图1-2-7 吊环

图1-2-8 吊钩

图1-2-9 卸扣

图1-2-10 夹钳

3. 常用钢丝绳绳芯有哪几种？

常用钢丝绳绳芯有麻芯、纤维芯和钢芯3类。

4. 麻芯、纤维芯钢丝绳主要有哪些特点？

麻芯、纤维芯钢丝绳绳芯中的油能从绳的内部渗出并润滑钢丝绳，从而减少钢丝间的摩擦力，增加钢丝绳的挠性和弹性，同时防止钢丝绳锈蚀，但不能在较高温度下工作。

5. 钢芯钢丝绳有哪些特点？

钢芯钢丝绳强度高，能承受较大的载荷，并能在高温环境下使用。

6. 施工中可从哪些方面判断钢丝绳质量好坏?

(1) 是否有锈蚀;

(2) 是否有断丝;

(3) 是否有断股;

(4) 是否有扭曲;

(5) 是否有压扁;

(6) 是否有打结;

(7) 是否有绳芯外露。

7. 6×37 +1 钢丝绳代表什么含义?

第一个数字 6 表示钢丝绳是 6 股;

第二个数字 37 表示每股 37 根钢丝;

最后的数字 1 表示 1 根绳芯。

8. 6×37 +FC 钢丝绳当中 FC 代表什么含义?

FC 代表此绳芯是纤维芯。

9. 6×37 +IWR 钢丝绳 IWR 代表什么含义?

IWR 代表此绳芯是钢芯。

10. 起重用麻绳 (白棕绳) 的主要用途是什么?

用于工件吊装时的溜绳 (诱导绳) 和绑扎轻小型工件。

11. 吊装带的特点是什么?

轻便、柔软、挂绳方便、不导电、抗静电、有利于保护工件外表。

12. 吊装带分为哪几类?

常规吊装带按吊带外观分为 4 类: 环形穿芯、环形扁平、双眼穿芯、双眼扁平, 如图 1-2-11 所示。

(a)环形穿芯

(b)环形扁平

(c)双眼穿芯

(d)双眼扁平

图1-2-11　常规吊装带实物图

13. 合成纤维吊装带是如何分类的?

(1)按截面形状分

①圆形吊装带;

②扁平吊装带。

(2)按结构形状分

①双眼吊装带(图1-2-12);

图1-2-12　双眼吊装带

②环形吊装带(图1-2-13)。

图1-2-13　环形吊装带

(3)按使用环境要求分

①普通型;

②高强型；

③防火型；

④荧光型；

⑤拒油防水型。

14. 卸扣有哪几种结构型式?

常用卸扣分为 D 型、弓型和宽体型 3 种。

(1)D 型卸扣又分为 DW 型及带螺母的 DX 型，如图 1-2-14 (a)、图 1-2-14(b)所示。

(2)弓型卸扣又分为 BW 型及带螺母的 BX 型，如图 1-2-14 (c)、图 1-2-14(d)所示。

(3)宽体型卸扣(BK)，如图 1-2-14(e)所示。

（a）DW型卸扣结构

（b）DX型卸扣结构

（c）BW型卸扣结构

(d)BX型卸扣结构

(e)宽体型卸扣结构（BK）

图 1-2-14 卸扣结构

15. 绳夹有哪些型式?

马鞍型[图 1 - 2 - 15(a)]、U 型[图 1 - 2 - 15(b)]、L 型[图 1-2-15(c)]。

(a)马鞍型

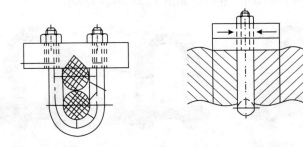

(b)U型

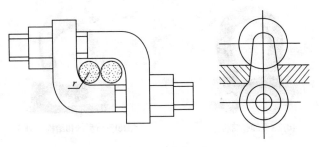

(c)L型

图 1-2-15 绳夹型式

16. 常用钢板起重钳有哪几种？

常用钢板起重钳有横吊钢板起重钳(简称横钳)、竖吊钢板起重钳及层叠钢板起重钳。

17. 横吊钢板起重钳有什么特点？

横吊钢板起重钳(简称横钳)如图 1-2-16 所示，自重轻，采用低合金高强度结构钢制造并热处理而成，只适用于钢板的水平吊运，钳口应水平放置。

图 1-2-16　横吊钢板起重钳

18. 竖吊钢板起重钳有什么特点？

竖吊钢板起重钳(简称竖钳)如图 1-2-17 所示，采用低合金高强度结构钢制造并热处理而成。竖钳具有万向环，有使用范围广、安全和灵活等特点。竖钳只适用于钢板的垂直吊装。

图 1-2-17　竖吊钢板起重钳

19. 层叠钢板起重钳有什么特点？

层叠钢板起重钳如图 1-2-18 所示，未设钳舌，对钢板无夹持力，适用于多块钢板的吊装。

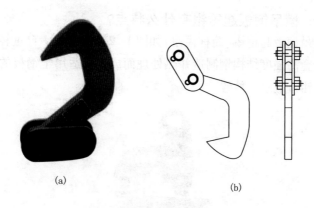

(a)   (b)

图 1-2-18 层叠钢板起重钳

20. 吊钩的分类方法有哪几种？

按钩身（弯曲部分）的断面形状分为圆形断面吊钩、矩形断面吊钩、梯形断面吊钩和 T 字形断面吊钩。

按制造方法分为锻造吊钩和片式吊钩。

21. 锻造吊钩有哪些特点？

锻造吊钩有单钩和锚钩（双钩）之分：

单钩[图 1-2-19(a)]：一种常用的吊钩，构造简单，使用方便。

锚钩[图 1-2-19(b)]：起重量较大时多用锚钩，受力均匀对称。

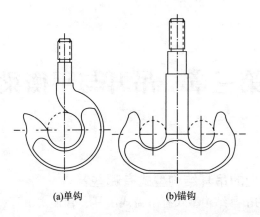

(a)单钩　　　　　(b)锚钩

图 1-2-19　锻造吊钩

22. 辨别卸扣质量好坏的方法有哪些?

观察外观有无锈蚀、裂纹、变形,表面有无毛刺,是否光滑,螺纹部分是否有损坏。

第三章 吊耳与平衡梁

1. 典型的吊耳结构型式有哪些？

典型的吊耳结构型式有吊盖式吊耳、管轴式吊耳和板式吊耳3种(图1-3-1)。

（a）吊盖式

（b）管轴式

（c）板式

图1-3-1 吊耳结构型式

2. 典型吊盖式吊耳有哪几种型式?

按结构形式分单板型和组合型两种,如图1-3-2所示。

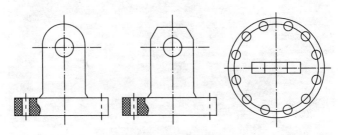

(a)单板型吊盖结构示意图

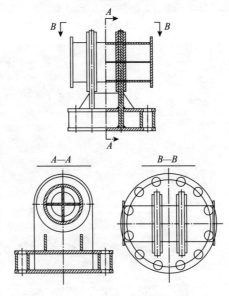

(b)组合型吊盖结构示意图

图1-3-2 吊盖结构示意图

3. 管轴式吊耳有哪几种型式?

常用的管轴式吊耳按内部结构分无内筋板型、有内筋板型、内加强环型 3 种(图 1-3-3)。按管轴长度分为普通型和加长型两种。

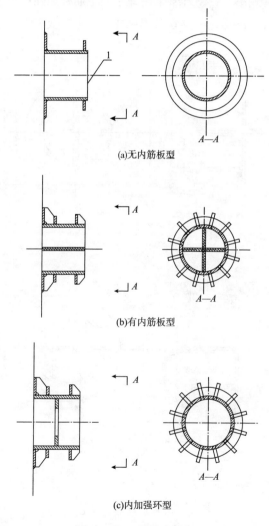

(a)无内筋板型

(b)有内筋板型

(c)内加强环型

图 1-3-3　管轴式吊耳

常用管轴式吊耳有下列类型：

Ⅰ型管式吊耳，吊耳管采用十字形主筋板加强；

Ⅱ型管式吊耳，吊耳管采用双十字形主筋板加强；

Ⅲ型管式吊耳，吊耳管采用井字形主筋板加强；

Ⅳ型管式吊耳，吊耳管采用双井字形主筋板加强。

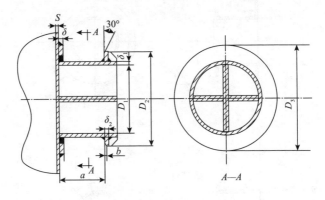

(a) Ⅰ型

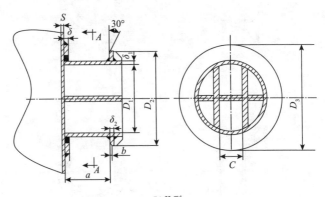

(b) Ⅱ型

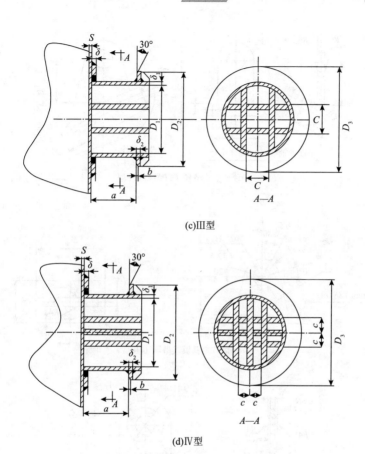

(c)Ⅲ型

(d)Ⅳ型

图1-3-4 管轴式吊耳类型示意图

4. 板式吊耳有哪几种型式？

按照《化工设备吊耳及技术要求》（HG/T 21574—2008）分类，板式吊耳可以分为顶部板式吊耳（TP型、TPP型）、卧式容器板式吊耳（HP型）、侧壁板式吊耳（SP型）和尾部吊耳（AP型），如图1-3-5所示。

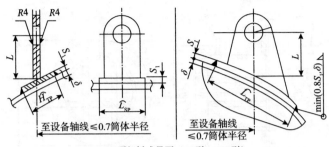

(a)顶部板式吊耳（TP型、TPP型）

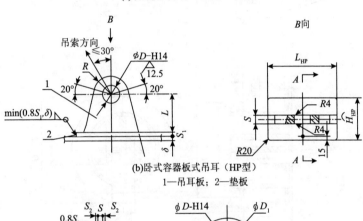

(b)卧式容器板式吊耳（HP型）
1—吊耳板；2—垫板

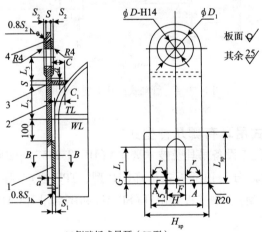

(c)侧壁板式吊耳（SP型）
1—垫板；2—吊耳板；3—连接板；4—衬板

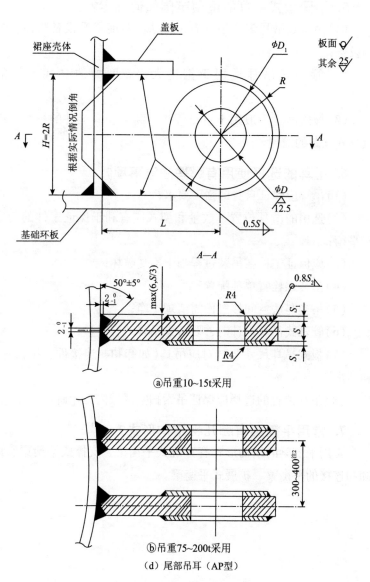

ⓐ吊重10~15t采用

ⓑ吊重75~200t采用

（d）尾部吊耳（AP型）

图1-3-5　板式吊耳示意图

5. 不同型式吊耳的适用范围如何确定？

(1)吊盖式吊耳多应用于有顶部法兰且能承受设备整体质量的设备；

(2)管轴式吊耳适用于重量大、高度高的立式工件的吊装；

(3)板式吊耳一般用于重量较小、高度较低工件的吊装，以及立式设备的溜尾。

6. 吊耳的选择使用有哪些注意事项？

(1)吊耳应保证自身的强度要求；

(2)选用的吊耳位置、数量和型式应有利于保证工件的稳定和平衡；

(3)应保证工件在吊装过程当中不受破坏；

(4)吊装螺栓宜单独配置；

(5)吊盖与法兰间接触面需清理干净；

(6)管轴式吊耳设计时，要考虑吊耳的容绳量；

(7)板式吊耳尺寸要与对应吊具(如卸扣、连接件、拉板等)相匹配；

(8)吊耳位置的选择应保证吊索扫空区域内无障碍物。

7. 常用平衡梁有哪几种结构形式？

常用平衡梁的结构形式有穿绕式平衡梁、支撑式平衡梁、用卸扣连接的平衡梁、扩展式平衡梁。

(a)穿绕式平衡梁

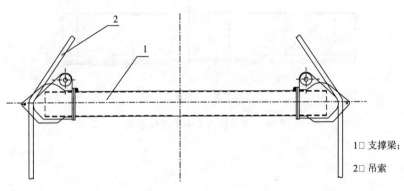

1□支撑梁;

2□吊索

(b)支撑式平衡梁

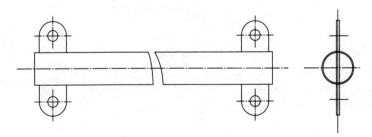

(c)用卸扣连接的平衡梁

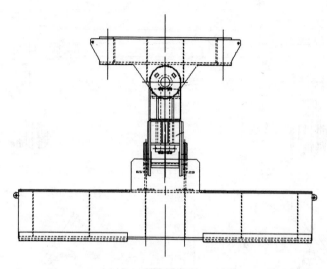

(d)扩展式平衡梁

图1-3-6　常用平衡梁结构形式

第四章　起重机械

1.《特种设备安全监察条例》中起重机械的定义是什么？

《特种设备安全监察条例》规定，起重机械是指用于垂直升降或者垂直升降并水平移动重物的机电设备，其范围规定为额定起重量大于或者等于 0.5t 的升降机；额定起重量大于等于 3t(或额度起重力矩大于等于 40t·m 的塔式起重机，或生产力大于等于 300t/h 的装卸桥)，且提升高度大于等于 2m 的起重机，层数大于等于两层的机械式停车设备。

2. 起重机械的类别有哪些？

根据国家质检总局颁布的《特种设备目录》，起重机械分为：桥式起重机、门式起重机、塔式起重机、流动式起重机、门座式起重机、升降机、缆索式起重机、桅杆式起重机、机械式停车设备。

3. 石化吊装作业中常见起重机械有哪些？

流动式起重机、塔式起重机、桥式起重机、门式起重机、桅杆式起重机、环轨式起重机、卷扬机、液压提升系统、液压顶升系统、溜尾机、履带底盘伸缩臂起重机等，见图 1-4-1。

（a）流动式起重机

(b)塔式起重机

(c)桥式起重机

(d)门式起重机

(e)桅杆式起重机

(f)环轨式起重机

(g)卷扬机

(h)液压提升系统

(i)液压顶升系统

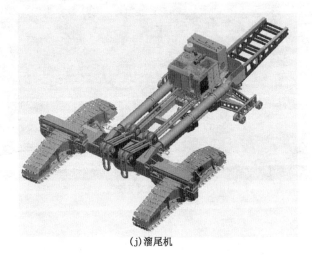

(j)溜尾机

（k）履带底盘伸缩臂起重机

图 1-4-1 常见起重机械

4. 流动式起重机主要有哪几种？

主要有履带式起重机、汽车起重机、轮胎起重机、全地面起重机、随车起重机。

5. 50t 起重机在任一工况都能吊起 50t 的重物吗？

不能。50t 起重机是指起重机在某一特定工况下的最大吊装能力为 50t，而不是在任一工况都能吊起 50t，不同工况的吊装能力要查阅该车的性能表。

6. 履带式起重机的特点是什么？

履带式起重机(图 1-4-2)是以履带及其支承驱动装置为运行部分的流动式起重机，其主要特点是可以负载行走，移位方便，吊装能力大。

图 1-4-2　履带式起重机示意图

1—路基箱；2—履带；3—超起装置；4—桅杆；5—主臂；6—钩头

7. 汽车式起重机的特点是什么？

汽车式起重机（图 1-4-3）是作业部分装在普通汽车底盘或者特制汽车底盘上的一种起重机，机动性好，转移迅速，可在公路行驶。

图 1-4-3　汽车式起重机

8. 轮胎式起重机的特点是什么?

轮胎式起重机(图1-4-4)作业部分装在特制的轮胎式底盘上,具有越野性能,可在一定条件下不打支腿负载行走。

图1-4-4　轮胎式起重机

9. 全地面汽车起重机的特点是什么?

全地面汽车起重机(图1-4-5)作业部分装在有油气悬架、多轴转向、多轴驱动等特点的特制轮式底盘上,可在公路上行驶,具有很高的机动性。

图1-4-5　全地面汽车起重机

10. 滑轮主要分哪几类?

滑轮主要分定滑轮、动滑轮和滑轮组等:

(1)定滑轮不随工件移动,可改变力的方向;

(2)动滑轮随工件同步移动,可降低走绳的拉力;

(3)滑轮组由定滑轮、动滑轮和走绳组合而成,既可以省力又可以改变力的方向。

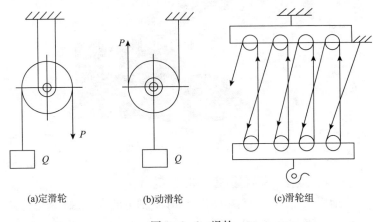

(a)定滑轮　　　　　(b)动滑轮　　　　　(c)滑轮组

图 1-4-6　滑轮

11. 代号为 H5×4D 型的滑轮,其型号涵义是什么?

H—滑轮代号;5—额定起重量,t;4—滑轮轮数;D—型式代号,见表 1-4-1。

表 1-4-1　型式代号一览

型号	开口	吊钩	链环	吊环	吊梁	桃式开口	闭口
代号	K	G	L	D	W	KB	不加 K

12. 常用的千斤顶主要有哪几种?

常用的千斤顶有螺旋式、液压式和齿条式 3 种,见图 1-4-7。

(a)螺旋式   (b)液压式   (c)齿条式

图1-4-7 千斤顶

13. 手拉葫芦有哪些特点？

手拉葫芦(图1-4-8)是一种高效便捷的手动工具，主要用于紧固、提升和牵引。

图-4-8 手拉葫芦

14. 电动葫芦有哪些特点?

电动葫芦(图1-4-9)具有省力、效率高、操作简单、使用方便等特点。

图1-4-9　电动葫芦

第五章 吊装工艺与技术

1. 常用起重机械吊装工艺有哪几种?

常用起重机械吊装工艺有直吊法、递送法、滑移法、扳转法等4种。

2. 什么是直吊法吊装工艺?

直吊法吊装工艺是采用单台或多台起重机械直接吊着工件,不经过翻转动作,将工件吊运到安装位置就位的方法。

3. 什么是递送法吊装工艺?

递送法吊装工艺(图1-5-1)是采用单台或多台起重机械吊着工件上端,用溜尾起重机械吊着工件下端,经过翻转动作,将工件由卧态吊至立态直至安装就位的方法。

图1-5-1 递送法吊装工艺

4. 什么是滑移法吊装工艺?

滑移法吊装工艺(图1-5-2)是采用单台或多台起重机械吊着工件上端,设置排子支撑工件尾部,通过牵引排子完成工件翻转动作,将工件由卧态吊至立态直至安装就位的方法。

图1-5-2 滑移法吊装工艺

5. 什么是扳转法吊装工艺?

扳转法吊装工艺(图1-5-3)是采用单台或多台起重机械吊着工件上端,工件尾部设置固定式回转铰支座,通过起重机械的起升等动作,实现工件的翻转,将工件由卧态吊至立态直至安装就位的方法。

6. 什么是双主机抬吊工艺?

双主机抬吊工艺是采用双台起重机械提升工件上端,采用递送法、滑移法或扳转法实现工件的翻转直至安装就位的方法。

7. 工作(作业)半径的含义是什么?

工作(作业)半径指的是起重机械回转中心至吊钩垂线的水平距离。

图1-5-3 扳转法吊装工艺

8. 如何计算工件重心?

根据工件不同的规格，将工件分为若干部分，然后根据力矩计算公式求取重心位置。

举例如下：根据工件直径不同，分为两段(第一段质量为 G_1，距离设备底部距离为 L_1；第二段质量为 G_2，距离设备底部距离为 L_2；整个设备质量为 G，距离设备底部为 L)。

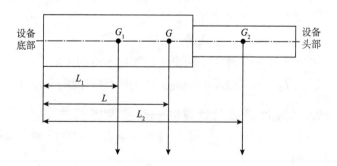

重心计算： $L = (G_1 \times L_1 + G_2 \times L_2)/G$

式中 L——工件重心距离底部的高度，m；

G——工件总质量，t；

G_1、G_2——第一段、第二段质量，t；

L_1、L_2——第一段、第二段重心距离工件底部的高度，m。

9. 如何根据工件的重心和吊点位置来计算主吊力和溜尾力？

举例如下：

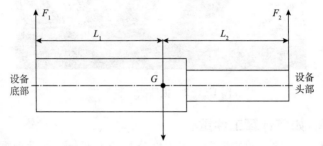

根据力矩平衡公式：$F_1 \times L_1 = F_2 \times L_2$

$$F_1 + F_2 = G$$

求得：$F_1 = (G \times L_2) / (L_1 + L_2)$

$$F_2 = G - F_1$$

式中　F_1——工件溜尾力，t；

F_2——工件主吊力，t；

G——工件总质量，t；

L_1——工件重心距离工件溜尾吊点的距离，m；

L_2——工件重心距离工件主吊点的距离，m。

10. 吊装计算载荷计算时一般要考虑哪些因素？

吊装计算载荷计算时一般应考虑风载荷、动载荷和不均衡等因素的影响。

11. 起重机负荷率计算公式是什么？

负荷率 = 吊装载荷/额定载荷 × 100%。

第二篇　基本技能

第一章 起重工基本操作方法

1. 起重作业常用的操作方法有哪几种？

起重作业常用的操作方法有抬、撬、拨、滑、滚、转、扳、顶、提等。

2. 多人抬工件的作业要领是什么？

合理分配负荷，步调一致，统一指挥，同一口号前进，不可迈大步，脚步同起同落，两两对肩。

3. 撬动作业时应注意哪些事项？

（1）撬动工件（图2-1-1）时，应尽量在撬棍尾端施力，这样力臂长可以省力。

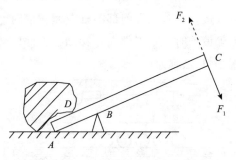

图2-1-1 撬动作业示意图

（2）撬棍头部插入工件底下不宜过短，以防损坏工件边缘和撬棍滑出反弹伤人；对机械设备的精加工面不能用撬棍直接接触。

（3）用撬棍抬高工件时，一次抬高的距离不宜过大，应分多次操作完成。在工件底下垫物时，不准将手伸入，应借助其他工具进行操作。

（4）在向带有坡度的地面撬动工件时，要有防止下滑移动的措施，避免意外伤人和损坏工件。

（5）用圆木代替撬棍时，要仔细检查其质量，防止在操作过程中突然断裂，造成事故。

（6）用几根撬棍同时进行操作时，要有专人统一指挥，保证动作协调，用力一致。

4. 捆绑作业的操作要领是什么？

捆绑位置和方法合理，捆绑要牢固，捆绑处应做好防护。

5. 滑移的操作要领是什么？

工件要垫稳，滑道要平整坚实，尽量减少滑移阻力，控制滑移速度。

6. 如何用滚杠控制滑移方向？

工件运行方向由滚杠的布置方向来控制，如滚杠与排子垂直时，工件便直线运动，若工件前部滚杠左侧偏前时，则工件向右移动，滚杠右侧偏前时，则工件向左移动，工件尾部的滚杠摆置则相反，如图 2-1-2 所示。

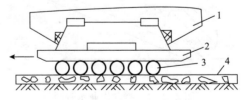

图 2-1-2　滚杠滚动重物示意图

1—重物；2—滑台；3—滚杠；4—走板

7. 千斤顶作业时，应注意哪些事项？

(1)千斤顶不得超载操作，单台顶升时，其承载能力必须大于重物的全部质量，以免发生危险。

(2)液压千斤顶不宜在高温和低温环境中进行顶升作业，以免液压油受温度影响而导致千斤顶不能正常工作。

(3)用千斤顶进行顶升作业时，其摆放位置要正确选择，重物的顶升部位要有足够的强度和刚度。同时，在千斤顶头部与重物接触部位之间要垫以木板，防止操作时滑动。放置千斤顶的地面应坚实和平整，防止操作过程中出现倾斜、失稳等情况。

(4)多台千斤顶同时作业时，要有专人统一指挥，顶升速度要一致，操作要同步。

(5)顶升过程中，不得将手、脚放在重物下面，以防发生人身事故。

8. 起重作业基本要求有哪些？

(1)熟悉作业环境；

(2)了解工件的形状、结构和重量；

(3)合理选择吊装工艺和吊装机械；

(4)合理配备吊索具。

9. 起重作业人员从业要求是什么？

起重作业属于特种设备作业，根据《特种设备作业人员考核规则》，申请《特种设备作业人员证》(图2-1-3)的人员应当先经考试合格，凭考试合格证明向负责发证的质量技术监督部门申请办理《特种设备作业人员证》后，方可从事相应的工作。

	说　明
中华人民共和国 特　种　设　备 作 业 人 员 证	1. 本证件应当加盖发证的质量技术监督局钢印和指定考试机构公章后有效。 　　2. 证件编号为持证人身份证号，档案编号为考试机构保存的个人考试档案编号。 　　3. 各级质量技术监督部门发现无效证件有权予以扣留。除质量技术监督部门外，其他部门和单位无权扣留此证。

（近期2寸正面 免冠白底彩色 照片） 照片骑缝未压印 质量技术监督部 门钢印无效	考试机构公章 年　月　日	考试机构公章 年　月　日
姓　　名：_____ 证件编号：_____ 档案编号：_____ 发证机关：_____	考试机构公章 年　月　日	考试机构公章 年　月　日

图 2-1-3　特种设备作业人员证

10. 工件吊点设置的注意事项有哪些?

（1）吊点位置应能保证工件的稳定与平衡。立式工件吊装主吊点的周向位置不得使工件重心偏离中心线，且便于工件就位。

（2）水平吊装工件时，吊点应选在重心两侧；立式设备吊装主吊点宜设置在工件重心之上；就地翻身时，应根据工件的重心位置，确定吊点位置。

（3）吊点位置应确保不会因工件的自重而引起塑性变形，核算工件吊点局部强度和稳定性，必要时，应设置支撑梁或采取局部加固措施。

（4）吊点处的受力应按最大受力进行设计，主吊点的纵向位置应使吊装索具受力及辅助吊车的载荷分配合理，并使索具具有足够的工作空间。

（5）选择吊点应尽量避开工件的精加工表面。

（6）确认工件上已有的吊耳、吊钩、板眼和吊环螺钉等是为吊装工件整体还是部件所设。

第二章　吊索与吊具的使用

1. 吊索、吊具的安全使用有哪些规定?

（1）制作吊索、吊具的钢丝绳应符合《重要用途钢丝绳》（GB/T 8918）规定。

（2）吊索、吊具应与所吊运工件的重量、规格、种类、环境条件及具体要求相适应。

（3）作业前，应对吊索、吊具进行检查（图2-2-1）并按要求填写《吊索、吊具检查表》，确认合格后方可投入使用。

图2-2-1　索具检查示意图

（4）确认连接处及绑扎安全可靠。

（5）吊具、吊索不得超载使用。

（6）作业中不得损坏吊具、吊索及工件，必要时可在工件与吊具、吊索之间加保护衬垫。

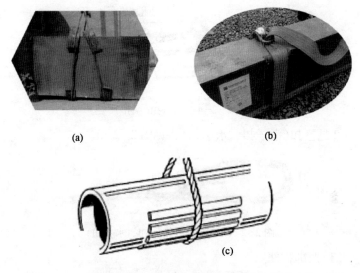

图 2-2-2　索具防护示意图

2. 起重吊装作业中常用的绳结有哪几种?

(1) 绳索与吊钩的连接

双头吊挂见图 2-2-3。

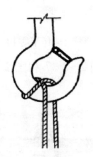

图 2-2-3　双头吊挂

(2) 固定绳索

①倒扒扣见图 2-2-4。

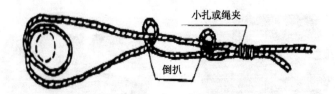

图2-2-4　倒扒扣(系扣)

②琵琶扣(滑子扣、水手扣)，见图2-2-5。

图2-2-5　琵琶扣(滑子扣、水手扣)

(3)捆绑物件

①梯子扣(丁香扣、五子扣)见图2-2-6。

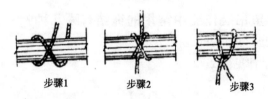

步骤1　　　　步骤2　　　　步骤3

图2-2-6　梯子扣(丁香扣、五子扣)

②背扣(管子扣)见图2-2-7和图2-2-8。

图2-2-7　背扣

注：用以横向系吊管子、圆木等物件。

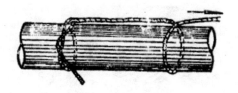

图2-2-8 管子扣

注：用以纵向系吊管子、圆木等物件。

3. 插接钢丝绳的方法和步骤是什么？

钢丝绳的接法有多种，可按接插习惯及钢丝绳情况选择接法，其中插三接法步骤如下：

(1)准备好插绳和所需工具：钎子、钢丝钳、手锤、细铁线等。

(2)根据钢丝绳直径的大小确定拆散(破头)的长度，原则是既要保证编插长度，又留有余量便于抽拉，破头长度见表2-2-1。

表2-2-1 插接钢丝绳破头长度一览表　　　　　　　mm

钢丝绳直径	8.7	13.0	15.0 15.5	19.5	21.5	24.0	32.5	36.5 37	47.5
破头长度	400	500	600	700	800	900	1000	1100	1200

(3)在距绳端等于破头长度处用细铁丝将钢丝绳扎紧，然后将绳头拆散。如发现有的绳股有钢丝绳松散的现象，需缠好。

(4)把钢丝绳圈成需要的绳环(绳鼻)，注意不要使钢丝绳拧"劲"，将各绳股按顺序编号(1～6号)，将第1股顺绳子的捻绕方向(顺"劲")插入绳子中3根绳股之下，第2股和第3股分别插入绳子中压在二根绳股和一根绳股之下，见图2-2-9(a)。3股穿入后将这3股拉紧。

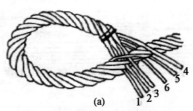

(a)

(5)将第4股、第5股、第6股各压在绳子中一股之下顺序插入(压一股,挑一股),见图2-2-9(b),每插一股都要拉紧。

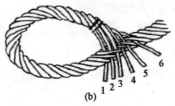

(b)

(6)再将第1股按第4股插法插入,以后从第2股开始顺序压在绳子两股绳之下插入(压一股、挑二股),见图2-2-9(c)。每插一股都要拉紧。

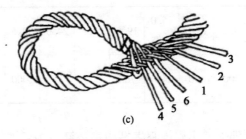

(c)

图2-2-9 插绳扣示意图

(7)按上述步骤插够编结长度(或花数)后,进行甩头。方法是插一股甩一股,即插完第一股后,第二股不插直接插第三股,插入的方法是压一股挑一股,将头甩完。

(8)插完后用手锤顺着编插方向打紧,割去剩余的绳头。注意事项同接绳子。再将麻芯头割掉。

4. 将新钢丝绳从卷筒上放开的正确方法是什么？

将新钢丝绳从卷筒上放开的正确方法如图 2-2-10 所示。图 2-2-11 为错误的放绳方法，禁止使用。

图 2-2-10　正确的放绳方法示意图

图 2-2-11　错误的放绳方法示意图

5. 钢丝绳破断拉力经验公式是什么？

破断拉力（F）　钢丝绳被拉断破坏时所需的力：

$$F = Kd^2$$

式中　K——经验系数，一般取 0.5；

　　　d——钢丝绳的直径，mm；

　　　F——钢丝绳最小破断拉力，kN。

6. 什么是安全系数？

为了弥补材料的不均匀性及残余应力，并考虑到外力性质，外力计算的不确定性，机件制作时的不精确性和施工作业的安全性，一般要求材料在实际工作时其单位面积上的应力只是强度极限的几分之一，将强度系数除以一个大于1的系数，这就是安全系数。

7. 钢丝绳不同用途的安全系数 K 取值是多少？

钢丝绳使用安全系数应符合表2-2-2的要求（SH/T 3536 - 2011）。

表2-2-2 钢丝绳使用安全系数取值

用　　途	K
作卷扬机走绳	$K \geqslant 5$
作拖拉绳	$K \geqslant 3$
作系挂绳扣	$K \geqslant 5$
作捆绑绳扣	$K \geqslant 6$
用于载人吊篮使用时	$K \geqslant 14$

8. 钢丝绳的弯曲折减系数的计算公式是什么？

钢丝绳及钢丝绳扣在绕过不同尺寸的销轴或滑轮使用时，应根据不同的弯曲半径按下述程序确定其强度能力：

（1）按式（1）计算钢丝绳索的比例系数：

$$R = \frac{D}{d} \qquad (1)$$

式中　D——销轴或滑轴直径，mm；

　　　d——钢丝绳公称直径，mm；

　　　R——钢丝绳比例系数。

（2）按式（2）、式（3）计算钢丝绳扣效率系数：

当 $R \leqslant 6$ 时

$$E = (100 - 50/R^{0.5}) \qquad (2)$$

当 $R>6$ 时

$$E = (100 - 76/R^{0.734})\qquad(3)$$

式中 E——钢丝绳扣效率系数，% 。

（3）按式（4）计算钢丝绳扣的强度能力：

$$P_n = n \cdot P \cdot E\qquad(4)$$

式中 n——钢丝绳扣承载股数；

P——钢丝绳破断力，N；

P_n——钢丝绳扣经弯曲后的强度能力，N。

9. 钢丝绳的弯曲折减系数的经验取值怎么计算？

钢丝绳绕过相应分倍率轴径销轴的弯曲折减系数可按经验取值，如图 2-2-12 所示。

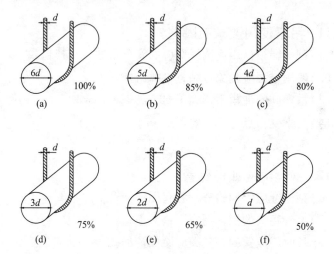

图 2-2-12 钢丝绳弯曲折减系数

10. 吊索间夹角与吊索的受力变化的关系是什么？

受力变化的关系变化见图 2-2-13。

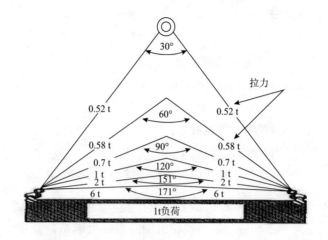

图2-2-13 吊索间夹角与吊索的受力变化关系图

11. 吊索使用要求有哪些？

(1)钢丝绳根据用途选择对应的安全系数，严禁超载；

(2)使用过程应避免打结，电弧击伤；

(3)吊索间的夹角不宜大于60°；

(4)吊索受力点有棱角要保护；

(5)钢丝绳受力弯曲处尽量选用最大弯曲直径。

12. 钢丝绳应如何保管？

(1)钢丝绳应定期检查，看有无损坏；

(2)室外存放的钢丝绳应下垫上盖；

(3)长时间放置的钢丝绳应涂保护油；

(4)钢丝绳扣应在干燥、清洁和通风的室内存放整齐，分类放置；

(5)避免接触腐蚀性介质，远离热源，避免电击；

(6)钢丝绳扣存放不得打结或扭曲。

13. 钢丝绳一个捻距内断丝数达到多少时应报废?

使用中的钢丝绳应每周检查一次,发现磨损、锈蚀、断丝等现象时,应按表 2-2-3 及表 2-2-4 的规定,降低其使用能力,并把折断的钢丝从根部剪去。

表 2-2-3　钢丝绳破断力的折减系数(SH/T 3536—2011)

钢丝绳破断力的折减系数	钢 丝 绳 结 构					
	6×19+1		6×37+1		6×61+1	
	交捻	顺捻	交捻	顺捻	交捻	顺捻
	一个捻丝节距内钢丝绳断丝数					
0.95	5	3	11	6	18	9
0.90	10	5	19	9	29	14
0.85	14	7	28	14	40	20
0.80	17	8	33	16	43	21
0.00	>17	>8	>33	>16	>43	>21

14. 在钢丝绳表面有磨损或腐蚀的情况下降级使用的标准是什么?

在钢丝绳表面有磨损或腐蚀的情况下,一个捻丝跨距中的钢丝绳破断力折减系数应乘以一定的修正系数(表 2-2-4)。

表 2-2-4 钢丝绳破断力折减系数的修正系数

磨损量按钢丝绳的钢丝直径计/%	10	15	20	25	30	30 以上
修正系数	0.80	0.70	0.65	0.55	0.50	0

15. 钢丝绳畸形和损伤报废的标准是什么？

GB/T 5972—2016/ISO 4309—2010：

（1）波浪形

在任何条件下，只要出现以下情况之一，钢丝绳就应报废（图2-2-14）：

① 在从未经过、绕进滑轮或缠绕在卷筒上的钢丝绳直线区段上，直尺和螺旋面下侧之间的间隙 $g \geqslant 1/3 \times d$；

② 在经过滑轮或缠绕在卷筒上的钢丝绳区段上，直尺和螺旋面下侧之间的间隙 $g \geqslant 1/10 \times d$。

式中　d——钢丝绳公称直径；

　　　　g——间隙。

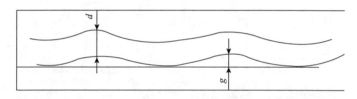

图2-2-14　波浪形钢丝绳

（2）笼状畸形

出现篮形或灯笼状畸形（图2-2-15）的钢丝绳应立即报废，或者将受影响的区段去掉，但应保证余下的钢丝绳能够满足使用要求。

图2-2-15　灯笼状畸形

（3）绳芯或绳股突出或扭曲

发生绳芯或绳股突出（图2-2-16、图2-2-17）的钢丝绳应立即报废，或者将受影响的区段去掉，但应保证余下的钢丝绳能够满足使用要求。

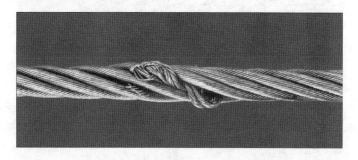

图2-2-16　绳芯突出———单层钢丝绳

图2-2-17　绳股突出或扭曲

注：图2-2-16、图2-2-17是篮形或灯笼状畸形的一种特殊类型，其表征为绳芯或钢丝绳外层股之间中心部分的突出，或者外层股或股芯的突出。

（4）钢丝的环状突出

钢丝突出通常成组出现在钢丝绳与滑轮槽接触面的背面，发生钢丝突出的钢丝绳应立即报废（图2-2-18）。

图 2-2-18　钢丝突出

注：钢丝绳外层股之间突出的单根绳芯钢丝，如果能够除掉或在工作时不会影响钢丝绳的其他部分，可以不必将其作为报废钢丝绳的理由。

（5）绳径局部增大

钢芯钢丝绳直径增大 5% 及以上，纤维芯钢丝绳直径增大 10% 及以上，应查明其原因并考虑报废钢丝绳（图 2-2-19）。

图 2-2-19　绳芯扭曲引起的钢丝绳直径局部增大

注：钢丝绳直径增大可能会影响到相当长的一段钢丝绳，例如纤维绳芯吸收了过多的潮气膨胀引起的直径增大，会使外层绳股受力不均衡而不能保持正确的旋向。

（6）局部扁平

钢丝绳的扁平区段经过滑轮时，可能会加速劣化并出现断丝。此时，不必根据扁平程度就可考虑报废钢丝绳。

在标准索具中的钢丝绳扁平区段可能会比正常绳段遭受更大程度的腐蚀，尤其是当外层绳股散开使湿气进入时。如果继续使用，就应对其进行更频繁的检查，否则宜考虑报废钢丝绳。

由于多层缠绕而导致钢丝绳的局部扁平，如果伴随扁平出现的断丝数不超过表2-2-3和表2-2-4规定的数值，可不报废。

（7）扭结

发生扭结的钢丝绳应立即报废（图2-2-20～图2-2-22）。

图2-2-20　扭结（正向）

图2-2-21　扭结（反向）

注：扭结是一段环状钢丝绳在不能绕其自身轴线旋转的状态下被拉紧而产生的一种畸形。扭结使钢丝绳捻距不均导致过度磨损，严重的扭曲会使钢丝绳强度大幅降低。

图 2-2-22　扭结

（8）折弯

折弯严重的钢丝绳区段经过滑轮时可能会很快劣化并出现断丝，应立即报废钢丝绳。

如果折弯程度并不严重，钢丝绳需要继续使用时，应对其进行更频繁的检查，否则宜考虑报废钢丝绳。

注：折弯是钢丝绳由外部原因导致的一种角度畸形。

通过主观判断确定钢丝绳的折弯程度是否严重。如果在折弯部位的底面伴随有折痕，无论其是否经过滑轮，均宜看作是严重折弯。

（9）热和电弧引起的损伤

通常在常温下工作的钢丝绳，受到异常高温的影响，外观能够看出钢丝被加热过后颜色的变化或钢丝绳上润滑脂的异常消失，应立即报废。

如果钢丝绳的两根或更多的钢丝局部受到电弧影响（例如焊

接引线不正确的接地所导致的电弧），应报废。这种情况会出现在钢丝绳上的电流进出点上。

16. 钢丝绳扣主要有哪几种型式？

钢丝绳扣主要有压制和插接两种型式（图2-2-23）。

（a）压制钢丝绳扣　　　　（b）插接钢丝绳扣

图2-2-23　钢丝绳扣的主要型式

17. 插接钢丝绳扣有什么要求？

钢丝绳插接长度宜为绳径的20~30倍，绳扣两端索眼之间的最小净长度不得小于该绳直径的40倍。

18. 压制钢丝绳扣WAF60和WAW90含义是什么？

WAF60是指钢丝绳直径60mm，A代表铝合金套筒，F代表纤维芯。

WAW90是指钢丝绳直径90mm，A代表铝合金套筒，W代表钢芯。

19. 白棕绳和尼龙绳使用的注意事项？

（1）在绑扎各类物件时，应避免直接和物件的尖锐边缘接触，接触处应加有效保护；

（2）使用中，白棕绳不得在尖锐、粗糙的物件上或地上拖拉；

（3）不允许将白棕绳和有腐蚀作用的化学物品（如碱、酸等）接触。应放在干燥的木板上和通风好的地方储存保管，避免受潮或高温烘烤。

20. 卸扣应如何进行存放？

(1)卸扣应放在通分、干燥的场所；

(2)表面应防锈保护，不得与腐蚀性介质接触。

21. 压制钢丝绳扣使用注意事项有哪些？

(1)压制接头不得弯曲受力使用；

(2)受力状态下绳眼开口度不大于20°；

(3)压制钢丝绳扣接头不得有滑移、变形或裂纹。

22. 无接头钢丝绳圈使用注意事项有哪些？

(1)无接头钢丝绳圈使用时，绳圈上有标记的部位(绳头的对接处)不得挂在吊钩或吊点位置；

(2)无接头钢丝绳圈使用时，其内圈曲率半径不应小于该绳圈绳径的2倍；

(3)无接头钢丝绳圈发现以下情况之一时，不得使用：

①当绳股严重分离后，绳股受力不均匀，不能形成合力；

②绳股抽脱；

③绕结无接头钢丝绳圈的钢丝绳按表2-2-5给出的长度上有断丝；

④标记处绳头露出；

⑤钢丝绳表面和绳股磨损超过名义直径的10%；

⑥整绳内外腐蚀总面积超过10%；

⑦有标记的位置弯曲变形。

表2-2-5　钢丝绳的检查长度

检查长度/mm	$3d$	$6d$	$30d$
断丝数/根	10	15	40

注：d 为绳的直径，mm。

23. 合成纤维吊装带应如何存放？

（1）吊装带应避开热源、腐蚀介质、日光或紫外线长期辐射。

（2）吊装带应存放在干燥、通风、清洁的场所内。

（3）对潮湿的吊装带应晾干后保存。

（4）吊装带应防鼠咬虫蛀。

24. 合成纤维吊装带的使用注意事项有哪些？

（1）不得受到锐器或工件的割伤及磨损。

（2）在移动吊装带时不得拖拽。

（3）在承载时不得使吊装带打结和扭结。

（4）扁平吊装带软环套眼开口度 α 不得超过20°（图2-2-24）。

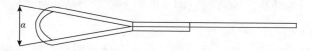

图2-2-24 扁平吊装带软环套眼开口度

（5）吊装带承受载荷后，发生超载报警标志飞出，应立即停止吊装作业。

25. 吊装带报废的标准是什么？

（1）割坏、断股和局部破裂。

（2）合成纤维软化或老化，表面粗糙和剥落。

（3）严重扭曲、变形、起毛和缝合处变质。

（4）霉变、酸碱灼伤、热熔化或烧焦。

（5）表面过多点状疏松和腐蚀。

（6）保护套破损显露出内芯合成纤维。

26. 卸扣在使用前应进行哪些检查？

（1）表面是否光洁，有无毛刺、疤痕、裂纹等缺陷。

（2）丝扣部分是否清洁、润滑，能否顺利拧紧。

（3）扣体是否变形。

（4）销轴是否有弯曲现象。

（5）各零部件是否齐全。

27. 卸扣报废的标准是什么？

（1）卸扣扣体扭曲超过10°。

（2）卸扣扣体或销轴变形超过名义尺寸15%。

（3）卸扣锈蚀或磨损超过名义尺寸10%。

（4）卸扣扣体或销轴经目视检查或无损检测有裂纹。

28. 吊钩的使用注意事项有哪些？

（1）检验合格的吊钩应标明额定起重量。

（2）为防止吊钩自行脱钩，吊钩上应设置防止意外脱钩的安全装置。

（3）吊钩卸去检验载荷后，不应有任何明显的缺陷和变形，开口度的增加量不应超过相关标准规定的数值。

（4）禁止使用铸造吊钩，吊钩应固定牢靠，转动部位应灵活，钩体表面光洁，无裂纹及任何有损伤钢丝绳的缺陷，吊钩上的缺陷不得补焊。

29. 吊钩的报废标准有哪些？

按 GB/T 10051.3—2010 规定，吊钩出现以下情形之一时应报废：

（1）检查吊钩的表面有裂纹。

（2）开口尺寸或吊钩长度超过使用前基本尺寸的10%。

（3）钩身扭转角变形超过10°。

（4）钩柄发生塑形变形。

（5）吊钩的磨损量超过基本尺寸的5%。

（6）钩柄直径腐蚀的尺寸大于基本尺寸的5%。

30. 在使用卸扣时，应让卸扣如何受力？

卸扣在使用时，应只承受纵向拉力，严禁横向受力（图2-2-25）。

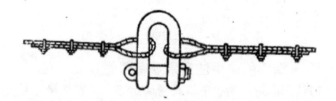

图2-2-25　卸扣的错误使用法

31. 卸扣的使用注意事项有哪些？

（1）卸扣在使用时，载荷要作用在沿着卸扣的纵向中心线上，否则会使卸扣的承载能力大大降低，必须调整后使用。

（2）卸扣不应超负荷使用。

（3）在安装横销轴时，螺纹旋足后应回旋半扣，防止螺纹旋紧后受力方向相同，使销轴难以拆卸。

（4）卸扣安装时，将卸扣直接挂入吊钩受力中心位置，不能直接挂在吊钩构尖部位。卸扣安装好后，应保证销轴能在工件孔中转动灵活。卸扣与单股吊索安装图例见图2-2-26。

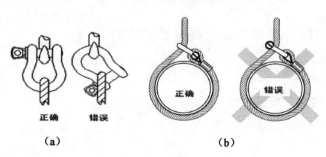

（a）　　　　　　　　　　　（b）

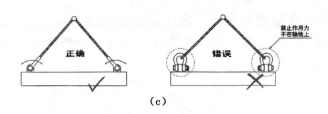

（c）

图 2-2-26　卸扣与单股吊索安装图例

32. 平衡梁的使用注意事项有哪些?

（1）使用前对平衡梁能级是否满足要求，规格尺寸是否符合方案要求，连接件是否和吊索匹配，载荷设计是否符合分配比例，组合式平衡梁装配质量是否合格等进行检查确认。

（2）平衡梁一般与吊索配合使用，使用时吊索与平衡梁的水平夹角不能太小，以避免吊梁产生变形，一般吊索间的夹角不宜大于60°。

（3）使用中出现异常响声、结构有明显变形等现象应立即停止。

33. 平衡梁应如何选用?

平衡梁应根据工件质量、工件几何尺寸和形状、配套的吊索具、吊装工艺等因素选择结构形式和级别。

34. 平衡梁不能选择过长的原因是什么?

图 2-2-27 选用的平衡梁过长，容易造成在吊装过程中钢丝绳从管式吊耳中脱落，发生吊装事故。

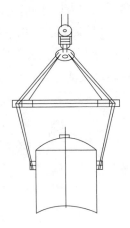

图 2-2-27　平衡梁过长

35. 平衡梁不能选择过短的原因是什么?

图2-2-28选用的平衡梁过短,在吊装过程中会造成吊索与工件本体相碰,对吊索造成损害,不能使工件顺利达到直立状态,无法满足设备就位要求。

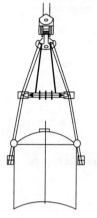

36. 平衡梁应如何存放?

(1)平衡梁使用后应清理干净,放置稳固。

(2)平衡梁不得在腐蚀性介质及潮湿环境中存放。

(3)转动部位应定期加注润滑油或润滑脂。

37. 绳夹使用规格和最少数量是如何规定的?

图2-2-28 平衡梁过短

钢丝绳绳夹使用规格及每一连接处钢丝绳绳夹的最少数量应符合表2-2-6的规定。

表2-2-6 绳夹使用规格和最少数量

绳夹规格	适用钢丝绳公称直径/mm	绳夹数/(个/组)	相邻两绳夹间的距离 A/mm
6	6		
8	6~8		
10	8~10		
12	10~12	3	6~7倍钢丝绳公称直径
14	12~14		
16	14~16		
18	16~18		

续表

绳夹规格	适用钢丝绳公称直径/mm	绳夹数/(个/组)	相邻两绳夹间的距离 A/mm
20	18～20	4	6～7倍钢丝绳公称直径
22	20～22	4	
24	22～24	4	
26	24～26	4	
28	26～28	5	
32	28～32	5	
36	32～36	5	
40	36～40	6	
44	40～44	6	
48	44～48	7	
52	48～52	7	
56	52～56	7	
60	56～60	7	

38. 绳夹的使用注意事项有哪些?

(1)绳夹宜选用马鞍型的绳夹。

(2)绕结的钢丝绳在不受力状态下固定时,安装绳夹的顺序从近护绳环处开始,即第一个绳夹应靠近护绳环。

(3)绕结的钢丝绳在受力状态下固定时,安装绳夹的顺序应从近绳头处开始,即第一个绳夹应靠近绳头,绳头的长度宜为绳直径的10倍,不得小于200 mm。

(4)钢丝绳搭接使用时,所用绳夹的数量应按上表的数量增加一倍。

（5）安装绳夹宜使 U 形螺栓弯曲部分在钢丝绳的末端绳股一侧，使马鞍座与主绳接触，将绳夹拧紧使钢丝绳压扁至绳径的 2/3，并应规则排列。

（6）钢丝绳夹应按图 2-2-29 所示把夹座扣在钢丝绳的工作段上，U 形螺栓扣在钢丝绳的尾段上。钢丝绳夹不得在钢丝绳上交替布置。

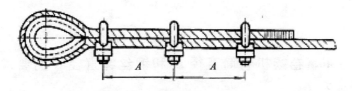

图 2-2-29　钢丝绳夹布置

（7）钢丝绳在用绳夹夹紧后，宜在两绳夹间做出观察钢丝绳受力状态的标识。

39. 滑轮组绳索顺穿法如何操作？

顺穿法是将绳索的一端按顺序逐个绕过定滑轮和动滑轮各滑轮的一种简单穿绳方法，视卷扬机的台数不同，可抽出单头［图 2-2-30(a)］；也可有一个不转动的平衡滑轮而抽出双头，［图 2-2-30(b)］。

单抽头顺穿法可因各段绳索受力不相等，固定端受拉力最小，而后逐段受力递增，引出端受力最大，从而易造成滑轮歪斜，此种穿绕方法虽穿绕简单容易的优点，但宜用于 4 个滑轮以下的滑轮组。

双抽头顺穿法则不但能避免滑轮发生歪斜，而且工作平稳，减少阻力，加快吊装速度。

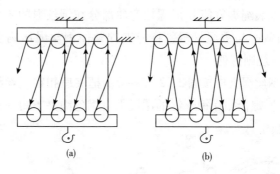

图 2-2-30　滑轮组绳索顺穿法

40. 卷扬机卷筒直径 D 和钢丝绳直径 d 的要求是什么?

卷筒直径 D 应是钢丝绳直径 d 的 16 ~ 25 倍。

41. 卷扬机与最近一个导向滑轮的直线距离有什么规定?

不小于 20 倍的卷扬机滚筒的长度。

42. 滑轮组上下滑轮之间的最小净距与轮径的关系是什么?

不宜小于轮槽直径的 5 倍。

43. 钢丝绳纤维芯起什么作用?

纤维芯中的润滑油起减小每股绳及钢丝之间的摩擦和防锈蚀作用。

44. 直径 8mm 的钢丝绳,绳端采用绳卡固定时,其数量不少于几个?

3 个。

45. 计算图2-2-31中滑轮组钢丝绳的拉力？（不计滑轮的效率系数）

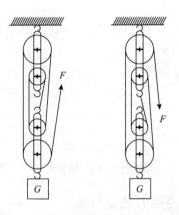

图2-2-31　滑轮组钢丝绳受力示意图

$$F = G/5 \qquad\qquad F = G/4$$

46. 卸扣选择使用要求是什么？

选择卸扣时，在满足载荷要求的前提下，要测量卸扣的 W 值、S 值和 D 值（图2-2-32），要保证卸扣的销轴能顺利的穿入吊耳孔，吊耳板的厚度不能大于 W 值。另外，卸扣的容绳量也很重要，关系到钢丝绳能否在卸扣环内排开。

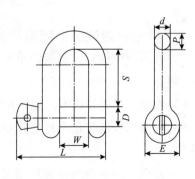

(a)

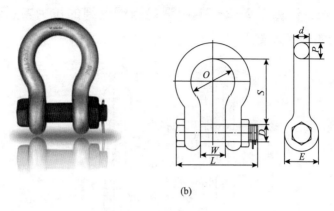

(b)

图 2-2-32　卸扣尺寸

47. 横钳的使用方法是什么？

横钳的基本使用方法如图 2-2-33 所示，通过平衡梁连接，组成两对横钳。吊装前应核算钢板的重量和板厚是否与横钳匹配。

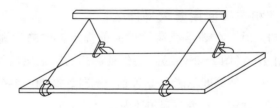

图 2-2-33　横钳吊装示意图

48. 横钳使用注意事项有哪些？

（1）起吊前应检查，钢板的重心应位于两组吊钳组成多边形的中心上。

（2）在钢板吊钳作业中，其下方危险区域不能有人员。

（3）根据钢板的重量和厚度选择合适的钢板起重钳，严禁超载使用。

（4）避免所掉重物的快速移动或快速停止，防止重物撞人或滑脱。

（5）切勿使用钢板吊钳进行 1 根钢索吊起作业（专用、特殊品除外）。

（6）当采用图 2-2-34 所示进行吊装时，必须降低载荷使用，一般规定 $\beta \leqslant 45°$ 在 $\beta = 45°$ 时横钳的起重载荷为原起重载荷的 0.5 倍；在 $\beta = 30°$ 时，横钳的起重载荷为原起重载荷的 0.75 倍。

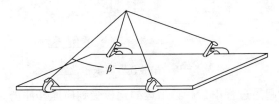

图 2-2-34　吊装示意图（1）

（7）实际使用时，钢板与地面应留有间隙，间隙的大小应略大于吊钳底部厚度。手动搬开横钳的钳舌至最大开口，把横钳卡在钢板上，以钢板的一边接触到横钳的内侧面为准。

起吊时应通过调整横钳位置保持钢板水平，当钢板与水平面夹角大于7°时，则应重新调整横钳位置。

（8）一次起吊仅允许吊一张钢板，不允许两层钢板同时起吊及钢板上放其他物体，如图 2-2-35 所示。

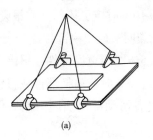
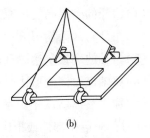

(a)　　　　　　　　　　(b)

图 2-2-35　吊装示意图（2）

(9)作业时，如图 2-2-36 所示必须将横钳插到底，直至钢板接触到横钳的内侧壁。

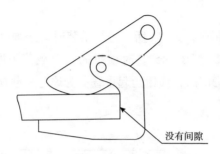

没有间隙

图 2-2-36　吊装作业时横钳位置

(10)起吊过程中，严禁吊运的钢板受到碰撞和冲击。

(11)吊运过程应尽量平稳，钢板上面严禁站人或从钢板上面通过。

(12)每次使用前后均应检查各部位有无异常情况，如钳体焊缝裂纹、孔或轴变形及转动部位划伤、锈蚀和钳牙损坏等。

(13)标识丢失后应及时补上，避免用错。

(14)存放地点应干燥、不易使横钳生锈。

(15)长期不用时应在各活动部位涂以油脂，其余部位涂漆。

49. 横钳出现哪些情况应更换部件或报废？

(1)钳牙的磨损高度达原高度的 10% 时应更换部件或报废。

(2)钳牙有两齿崩刃或一个齿断裂时，应更换部件或报废。

(3)钳轴的磨损量达原直径的 2.5% 时应更换部件或报废。

(4)钳轴或钳体变形达原尺寸的 1.5% 时应更换部件或报废。

(5)横钳整体活动不灵活，经过各滑动部位加润滑油后仍然不灵活时，应更换部件或报废。

50. 竖钳(图2-2-37、图2-2-38)的特点是什么?

（1）采用低合金结构钢制造，具有强度高，具有万向环，可360°回转，使用范围广、安全和灵活等特点。

（2）竖钳只适用于钢板的竖直吊装。

（3）吊装作业中单只或两只配套使用，单只竖钳起吊最大重量为额定载荷。

51. 竖钳的试验载荷是如何规定的?

图2-2-37 竖钳

1~5t 的竖钳试验载荷为2倍工作载荷，破断载荷为4倍工作载荷；8~16t 的竖钳试验载荷为1.5倍工作载荷，破断载荷为3倍工作载荷。

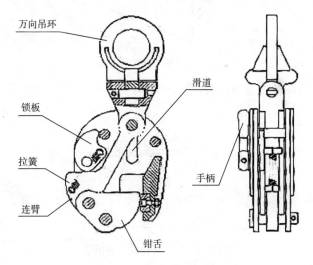

万向吊环

滑道

锁板

拉簧

连臂

手柄

钳舌

图2-2-38 竖钳结构简图

52. 竖钳的使用方式有哪些?

(1)钢板垂直吊装(图2-2-39);

图2-2-39 钢板垂直吊装

(2)H型钢吊装(图2-2-40);

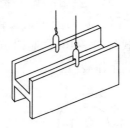

图2-2-40 H型钢吊装

(3)圆桶或卷板吊装(图2-2-41);

图2-2-41 圆桶或卷板吊装

(4)附加横梁吊装(图2-2-42);

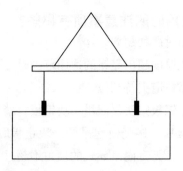

图 2-2-42 附加横梁吊装

(5)双肢吊装(图 2-2-43);

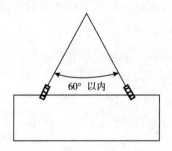

图 2-2-43 双肢吊装

(6)工字钢吊装(图 2-2-44)。

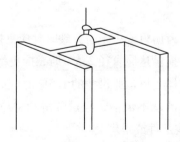

图 2-2-44 工字钢吊装

53. 竖钳使用时的注意事项有哪些？

(1)竖钳使用时严禁超载。

(2)当吊装处厚度超出竖钳的适用范围时应更换竖钳。

(3)竖钳的钳口应夹持到位。

(4)竖钳起吊钢板一次仅能吊一块钢板，禁止层叠吊运。

(5)当双肢索具连接竖钳起吊同一块钢板时，有万向吊环式的顶角不超过60°，无万向吊环式的顶角不超过30°，而且两只吊钳的最大起重载荷，不得超过单只的1.5倍。

(6)起吊过程中，严禁吊运的钢板受到碰撞和冲击。

(7)吊运过程应尽量平稳，下面严禁站人或在物品上面通过。

(8)标识应清晰，避免用错。

(9)钢板的被吊部位表面不允许有油脂。

(10)存放地点应防止生锈及对竖钳漆表面的损坏。长期不用时应在各活动部位涂以油脂，其余部位涂漆。

(11)被吊钢板的表面硬度不得大于HB220，竖钳不适用于不锈钢板的吊装。

54. 竖钳出现哪些情况应更换部件或报废？

(1)钳牙和支撑台的磨损高度达原高度的10%时，应更换部件或报废。

(2)钳牙有两齿崩刃或一个齿数裂时，应更换部件或报废。

(3)钳轴的磨损量达原直径2.5%时，应更换部件或报废。

(4)钳轴或钳体变形达原尺寸的1.5%时应更换部件或报废。

(5)竖钳整体活动不灵活，经过各滑动部位加润滑油后仍然不灵活时，应更换部件或报废。

55. 层叠钢板起重钳的使用范围是什么？

(1)适用于厚钢板和多层钢板的水平吊运，安装方法见图

2-2-45，两个层叠钢板起重钳必须用一根钢丝绳绕过滑轮起吊。

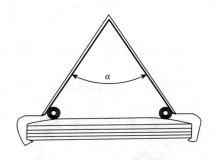

图 2-2-45　层叠钢板起重钳安装方法示意图

（2）层叠钢板起重钳起吊钢板时，必须与平衡梁配套使用，其中 α 在 45°~90°，β 在 0°~15°。平衡梁的有效长度应不小于钢板长的 1/3。层叠钢板起重钳 4 只为 1 组吊装作业，吊运过程中，钢板应保持水平，见图 2-2-46。

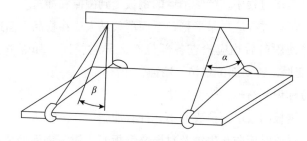

图 2-2-46　层叠钢板起重钳吊装形式示意图

56. 层叠钢板起重钳的使用注意事项是什么？

（1）当夹角 α 大于 60°时，应对层叠钢板起重钳的额定载荷进行折减（因为额定载荷规定在 60°），允许的最大起重量 = 额定载荷 × 折合系数 K。K 见表 2-2-7。

表 2-2-7　层叠钢板起重钳的额定载荷折合系数

顶部夹角 α	$0° < \alpha \leqslant 60°$	$60° < \alpha \leqslant 70°$	$70° < \alpha \leqslant 80°$	$80° < \alpha \leqslant 90°$
折合系数 K	1	0.9	0.8	0.7

（2）如图 2-2-47 所示，不允许在被吊钢板上面叠加钢板。

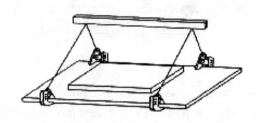

图 2-2-47　不允许在被吊钢板上面叠加钢板

（3）起吊过程中，严禁吊运的钢板受到碰撞和冲击。

（4）吊运过程应尽量平稳，下面严禁站人或在物品上面通过。

（5）使用前后均应检查各部位有无异常情况，如焊缝裂纹，孔或轴变形，转动部位划伤、锈蚀，钳牙损坏等。

（6）标识要清晰，避免用错。

（7）钢板的被吊部位表面不允许有油脂。

（8）存放时应防止生锈及对层叠钢板起重钳漆表面造成损坏。长期不用时应在各活动部位涂以油脂，其余部位涂漆。

57. 层叠钢板起重钳出现哪些情况应更换部件或报废?

（1）钳口变形达到原开口度的 2.5% 时，应更换部件或报废。

（2）钳轴的磨损量或变形量达到原直径的 2.5% 时，应更换部件或报废。

（3）钳轴孔的磨损量达到原尺寸的 5% 时，应更换部件或报废。

（4）层叠钢板起重钳整体活动不灵活，经过各滑动部位加润滑油后仍然不灵活时，应更换部件或报废。

58. 吊环使用注意事项是什么？

（1）吊环应有制造单位的合格证等技术文件，方可投入使用。

（2）在使用过程中，应对吊环定期进行检查，其表面应光滑，不能有剥痕、锐角、毛刺和裂纹等缺陷。

（3）对缺陷不得补焊。

第三章 起重机械使用

1. 常用履带式起重机的主要工况有哪些?

(1)重型主臂工况(图2-3-1);

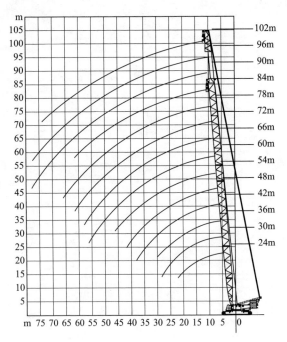

图2-3-1 重型主臂工况

(2)轻重型主臂工况(图2-3-2);

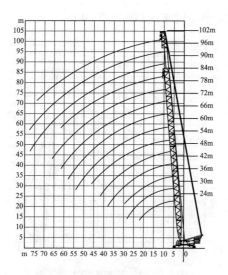

图 2-3-2 轻重型主臂工况

(3)塔式副臂工况(图 2-3-3);

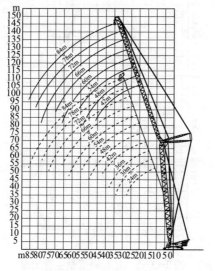

图 2-3-3 塔式副臂工况

（4）超起重型主臂工况（图2-3-4）；

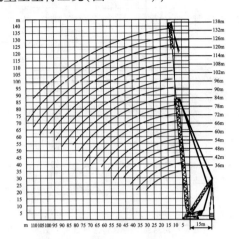

图2-3-4　超起重型主臂工况

（5）超起轻重型主臂工况（图2-3-5）；

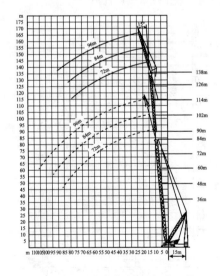

图2-3-5　超起轻重型主臂工况

（6）超起塔式副臂工况（图2-3-6）；

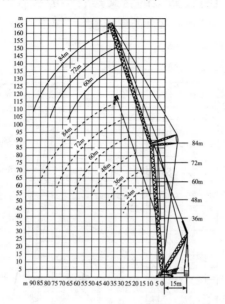

图2-3-6　超起塔式副臂工况

（7）超起专用副臂工况（图2-3-7）。

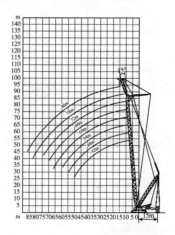

图2-3-7　超起专用副臂工况

2. 起重机特性曲线的含义是什么？

起重机额定载荷和起升高度随臂长、工作半径变化而变化的关系曲线，见图2-3-8。

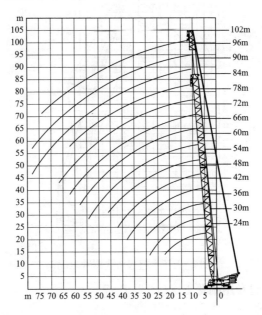

图2-3-8 起重机特性曲线

3. 起重机的基本参数包括哪些？

额定载荷、起升高度、跨度、工作半径、各机构的工作速度、外形尺寸等。

4. 如何识读附图的履带起重机性能表？

性能表(图2-3-9)中含有明确的臂杆、回转角度、车身配重、超起配重等起重机基本工况信息。在表中识读臂杆长度值为横向坐标和工作半径值为纵向坐标的所对应的数值即为起重机在这一杆长半径下的额定载荷。

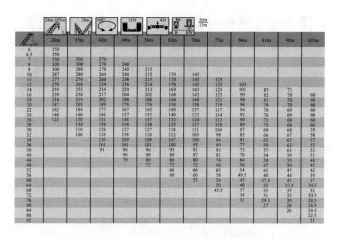

图2-3-9　履带起重机性能表

图2-3-9描述的起重机基本工况为主臂长度为28～105m，桅杆长度28m，360°回转，上车配重为135t，中心配重为43t，超起配重200t，超起半径13m。通过读图可知，当臂杆长度为49m，工作半径为16m工况时的额定载荷为204t。

■ 主臂工况额定起重量表

TG 500-E
（单位：kg）

| 作业半径　　　主臂长度 | 垂直支腿全伸6.8m | | | | | | |
| | 前支腿使用(360°) | | | | 前支腿不使用（侧方和后方区域） | | |
	10.65m	14.0m	18.0m	21.6m	25.3m	32.7m	40.0m
3.0m	50,000	33,000	28,000	24,000			
3.5m	43,000	33,000	28,000	24,000			
4.0m	38,000	33,000	28,000	24,000	20,000		
4.5m	34,000	30,500	28,000	24,000	20,000		
5.0m	30,200	29,000	28,000	24,000	20,000		
5.5m	27,500	26,500	25,000	23,200	20,000	14,000	
6.0m	25,000	24,000	23,500	21,500	20,000	14,000	
6.5m	22,700	22,000	21,000	19,900	18,800	14,000	8,000
7.0m	20,700	20,300	19,000	18,400	17,300	13,500	8,000
7.5m	18,900	18,600	18,500	17,100	16,200	13,000	8,000
8.0m	17,400	17,100	17,000	15,900	15,300	12,500	8,000
9.0m	14,400	14,200	14,100	13,600	13,600	11,300	8,000
10.0m		11,700	11,600	11,450	11,400	10,300	7,500
11.0m		9,800	9,600	9,500	9,450	9,400	6,950
12.0m		8,200	8,100	8,000	8,000	8,600	6,450
14.0m			5,900	5,800	5,700	6,500	5,800
16.0m			4,250	4,200	4,100	5,000	4,850
18.0m				3,000	2,950	3,750	4,250
20.0m				2,100	2,050	2,850	3,300
22.0m					1,300	2,050	2,550
24.0m						1,500	2,000
26.0m						1,050	1,500
28.0m						650	1,100
30.0m							750
32.0m							450

图2-3-10　性能表

5. 图 2-3-10 的性能表中黑色折线有什么含义?

图中黑色折线以上的额定起重量数据是由起重机的结构强度决定的, 如果超出额定起重量, 起重机会发生折臂事故; 图中黑色折线以下的起重量数据是由起重机的整体稳定性决定的, 如果超出额定起重量, 起重机会发生倾覆事故。

6. 流动式起重机作业注意事项有哪些?

(1)吊装作业前应按规定调整机体的水平度。

(2)起重机设置完毕后, 应试运转, 检查起重机的支撑和回转范围内的障碍情况。

(3)起重机作业前应试吊。

(4)吊装作业中起重机操作手应及时报告载荷情况, 起重指挥应与起重机操作手随时保持联络, 掌握负荷率的变化。

(5)工件起升到位或超越障碍时, 工件底部到障碍的距离不宜小于 500mm。

7. 多机抬吊作业时, 起重机选择的基本原则是什么?

尽量选择同型号的起重机。

8. 液压汽车式起重机可否带载伸缩吊臂?

不允许带载伸缩吊臂。

9. 滑轮组的使用注意事项有哪些?

(1)滑轮的轮槽表面应光滑, 不得有裂纹、凸凹等缺陷。

(2)滑轮组仅使用其部分滑轮时, 滑轮组的起重能力应按使用轮数计算。

(3)当滑轮组的轮数超过 5 个时, 走绳宜采用双抽头的方式。

(4)动滑轮与定滑轮轮轴间的最小距离不得小于滑轮轮径的 5 倍, 走绳进入滑轮的侧偏角不得大于 3°。

(5)使用时应防止杂物进入滑轮内。

10. 千斤顶的使用注意事项有哪些？

(1)千斤顶应定期维护保养，使用前应进行检查。

(2)螺旋千斤顶及齿条千斤顶的螺杆、螺母的螺纹及齿条磨损超过20%时，不得继续使用。

(3)液压千斤顶用油油质应清洁，油量不得低于额定值。

(4)使用千斤顶时，应随着工件的升降随时调整保险垫块的高度。

(5)用多台千斤顶同时工作时，应采用规格型号相同的千斤顶，动作协调，升降平稳且每台千斤顶的载荷不应超过其额定载荷的80%。

11. 手拉葫芦的使用注意事项有哪些？

葫芦使用前应进行检查，并符合下列规定：

(1)转动部分灵活，不得有卡链现象。

(2)链条无损坏，销子应牢固。

(3)制动器有效。

(4)葫芦在使用时，应将链条摆顺，且两吊钩受力在一条轴线上。

(5)葫芦作业环境应清洁，不得有杂物进入转动部位。

(6)手拉葫芦放松时，起重链条不得放尽，且不得少于3个扣环。

(7)采用多台葫芦起重同一工件时，操作应同步且单台葫芦的最大载荷不应超过其额定载荷的70%。

(8)挂点和工件捆绑应牢固。

(9)手拉葫芦不宜长时间负载。

12. 手拉葫芦的正确使用的要求有哪些?

(1)查吊钩、链条、传动装置及刹车装置是否良好。吊钩、链轮、倒卡等有变形时,或链条直径磨损量达15%时,严禁使用。

(2)起重链不得打扭,也不得拆成单股使用。

(3)刹车片上不得有油脂等杂物。

(4)不得超负荷使用,起重能力在5t以下的允许1人拉链,起重能力在5t以上的允许两人拉链,不得随意增加人数猛拉。操作时,人不得站在手拉葫芦的正下方。

(5)吊起的重物如需在空中停留较长时间,应将手拉链拴在起重链上,并在重物上加设保险绳。

(6)在使用中如发生卡链情况,应将重物垫好后方可进行检修。

13. 常见的错误使用倒链的情形有哪些?

(1)上升或下降重物的距离超过规定的起升高度,见图2-3-11。

图2-3-11

(2)下吊钩组件翻转,见图2-3-12。

图 2-3-12

（3）斜吊重物，见图 2-3-13。

图 2-3-13

（4）抛掷手拉葫芦，见图 2-3-14。

图 2-3-14

（5）超负荷起吊重物，见图 2-3-15。

图 2-3-15

（6）下吊钩回扣到链条上起吊重物，见图 2-3-16。

图 2-3-16

14. 电动葫芦的使用注意事项有哪些？

(1) 电动葫芦不得超载使用。

(2) 不能在有爆炸危险或有酸碱类的气体环境中使用，不能用于运送熔化的液体金属及其他易燃易爆炸物品。

(3) 定期润滑各运动部件。

(4) 电动葫芦使用中发现制动后重物下滑，应及时固定工件，对制动器进行调整，直至更换新制动环，以保证制动安全。

15. 卷扬机使用的注意事项有哪些？

(1) 卷扬机使用前进行专项检查。

(2) 卷扬机放出钢丝绳时，卷筒上剩余的钢丝绳不应少于5圈。

(3) 吊装用卷扬机不得用于运送人员。

(4) 工作中发现异常现象时，应立即停机检查。

(5) 停止工作时，卷扬机提升的工件不得悬挂在空中，工作结束应关闭电源、开关柜上锁。

(6) 卷扬机应有专人负责，持证上岗。

16. 卷扬机使用前应进行哪些检查？

(1) 各润滑点 (油杯处) 是否有油，减速机油池油量是合充足。

（2）刹车装置是否灵活好用。

（3）卷筒有无损伤、磨损、裂纹和变形。

（4）鼓形控制器各触点接触是否良好，其他电气开关装置的接地及电机绝缘是否良好。

（5）每次启动开车前还应检查：

①棘轮制动器是否已开启。

②齿轮副内是否留有能磨损或破坏齿轮的杂物。

③固定地锚及卷扬机位置是否有变化，迎门滑轮朝向是否正确。

第四章　吊装施工

1. 现场选择起重机应考虑哪些因素？

工件的外形尺寸、重量、就位位置、有无障碍物、吊装场地条件、起重机资源等。

2. 与吊装有关的工件参数主要有哪些？

工件重量、重心位置、规格、工件刚度、吊耳型式、吊耳级别、吊耳位置、安装位置等。

3. 起重作业时，地基处理区域主要有哪些？

起重机行走场地、运输机械行走场地、起重机吊装站位场地、工件摆放场地等。

4. 场地处理的型式有哪些？

常用的有换填法、压实法、桩基法、混凝土承台法4种。

5. 换填法的主要施工程序是什么？

(1)基坑开挖(图2-4-1)。

(2)基坑底部压实(图2-4-2)。

(3)分层回填并压实(图2-4-3)。

(4)表层找平处理(图2-4-4)。

(5)承载力测试或检测(图2-4-5)。

图 2-4-1　基坑开挖

图 2-4-2　基坑底部压实

图 2-4-3　分层回填并压实

图 2-4-4　表层找平处理

图 2-4-5　承载力测试或检测

6. 承载力检测常用的方法是什么?

(1)简单压重法(图 2-4-6)

简单压重法就是在处理完成的地基上面置放重物, 使地基承受目标压强载荷, 静置一段时间(24h)后, 检测前后地基沉降量, 沉降量 <10mm 为合格。

(2)静载试验法

静载试验法对吊装场地地基检测主要使用浅层平板荷载试验。浅层平板荷载试验是在拟建建筑物场地上将一定尺寸和几何形状(圆形或方形)的刚性板, 安放在被测的地基持力层上, 逐级增加荷载, 并测得每一级荷载下的稳定沉降, 直至达到地基破坏标准, 由此可得到荷载(p)-沉降(s)曲线(即 $p-s$ 曲线)的试验方法。浅层平板荷载试验(图 2-4-7)是地基基础持力层进行荷载试验的方法。

图 2-4-6　简单压重法

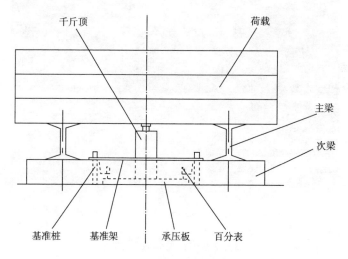

图 2-4-7　浅层平板荷载试验

7. 汽车起重机支腿支垫处对地基的要求是什么？

汽车起重机支腿支垫处地基应平整并垫置道木、钢板或专用路基箱，如图2-4-8所示。

图2-4-8　汽车起重机支腿支垫处的地基

8. 吊索与工件的连接方式有哪些？

主要有兜挂、卸扣、兜底、捆绑连接等方式，如图2-4-9所示。

图2-4-9 吊索与工件的连接方式

9. 简述立式工件捆绑吊装的技术要点。

立式工件捆绑吊装图2-4-10，其技术要点如下。

图2-4-10 立式工件捆绑吊装

（1）正确选择设备的捆绑位置，设备重心在捆绑绳吊点之下。

（2）捆扎用吊索与工件接触面应增加保护或防滑措施。

（3）吊索的两个抽头位置准确，长度应一致。

（4）抽头应从卸扣的扣体引出并在卸扣与吊索间采取保护措施，避免挤压吊索。

（5）捆绑绳捆绑圈数不少于两圈。

10. 材料捆绑时吊索的设置要求是什么？

（1）图 2-4-11 采用穿套结索法，应选用足够长的吊索。

（2）图 2-4-11 捆绑位置在工件的重心范围内，捆绑圈数不少于两圈，起吊前需预紧。

（3）图 2-4-12 双支穿式结索方式起重时，捆绑点在重心两侧对称布置，捆绑圈数不少于两圈，两吊索之间夹角不宜大于 90°。

图 2-4-11

图 2-4-12

11. 简述双机翻转大型工件封头的操作步骤。

（1）主起重机和副起重机拴挂索具。

（2）主起重机和副起重机慢慢起钩，当起升高度大于封头直径时，两起重机停止起升。

（3）主起重机保持不动，副起重机开始慢慢回钩，直到封头处于完全垂直状态后，主起重机吊着封头不动，副起重机摘掉索具。

（4）副起重机从反方向重新拴挂索具。

（5）副起重机慢慢起钩，主起重机慢慢回钩。

（6）当封头达到水平状态后，两起重机慢慢回钩将封头放置到地面上，然后两起重机摘掉索具，封头翻个工作完成（图2-4-13）。

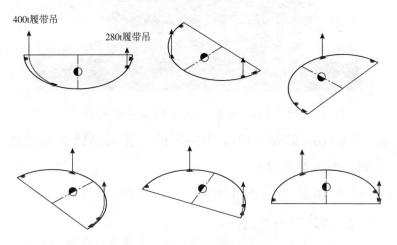

400t履带吊

280t履带吊

图2-4-13　封头翻转示意图

技术要求：

主起重机的选择必须满足能单独负载封头的重量，副起重机的选择必须满足能负载封头的1/2重量（现场作业图见图2-4-14）。

吊耳设计一般原则：

主吊耳2个，板式，每个吊耳级别大于或等于1/2封头的重量。

副吊耳2个，板式，每个吊耳级别大于或等于1/4封头的重量。

图 2-4-14 双机翻转大型工件封头作业图

12. GB 50798—2012 中规定的工件与吊臂之间的最小安全距离是多少？

工件与吊臂之间的最小安全距离为 500mm。

13. 简述试吊的过程。

（1）试吊作业前，先鸣喇叭，以提醒起重作业范围内的人员注意。

（2）起重指挥应确认作业人员在安全区域。

（3）应先将工件提升 200mm，停留检查。

（4）检查起重机性能，检查工件、吊索、吊具、地基、吊耳等是否有异常现象。

（5）复核吊装参数与方案的一致性。

14. 起重指挥人员的站位应考虑哪些因素？

（1）应保证与起重机司机之间视线清楚。

（2）在所指定的区域内，应能清楚地看到工件。

（3）指挥人员应与被吊运工件保持安全距离。

（4）当指挥人员不能同时看见起重机司机和工件时，应站到能看见起重机司机的一侧，并增设中间指挥人员传递信号。

15. 吊装摘钩应注意哪些问题？

（1）吊装摘钩前需保证工件放稳垫牢。

（2）摘钩区域下方不得站人。

（3）吊索具脱离时不得生拉硬拽。

16. 起重机 LR1400/2 组装塔式超起工况的步骤是什么？

（1）主机及履带组装

在组装场地合适位置将走道板铺好，具备作业条件后，将运输主机拖车开到组装作业内规定位置停好自卸（图2-4-15），然后安装履带（图2-4-16）。

图2-4-15　主机卸车

图 2-4-16　履带组装

（2）中心压重及车体配重

用 50t 汽车吊辅助安装配重托架，然后依次将中心压重、车体配重安装就位（图 2-4-17）。

图 2-4-17　配重组装

（3）桅杆

首先将桅杆基础节安装到主机对应位置上，然后将桅杆中间节及头部节安装就位并扳起（图 2-4-18、图 2-4-19）。

图 2-4-18　桅杆组装

图 2-4-19　桅杆扳起

（4）主臂组对

根据主臂长度要求，将基础节、中间节和头节依次连接（图2-4-20）。

图2-4-20　主臂组对

（5）塔式副臂组对

将塔臂前后支架、塔臂依此连接至主臂头节上（图2-4-21）。

图2-4-21　塔式副臂组对

（6）超起装置组对

将超起托盘及配重块安装好，超起拉杆与超起托盘用销轴连接（图2-4-22）。

图2-4-22 超起装置组对

(7)臂杆扳起

LR1400/2 操作人员可在起重指挥人员的指挥下缓缓将臂杆扳起,组装结束(图2-4-23)。

图2 4 23 臂杆扳起

17. 安全技术交底有哪些主要内容?

吊装方案应向有关施工人员进行交底并做好记录,吊装方案交底内容包括:

(1)单台设备吊装方案和吊装工艺。

(2)吊装作业工序及质量要求。

(3)现场吊装安全措施。

(4)吊装场地、被吊工件和周围环境情况。

(5)操作要领和注意事项。

18. 吊装作业前应对吊耳进行哪些检查?

(1)对吊耳方位、标高进行核对。

(2)对吊耳外形尺寸进行检查核对,吊耳与吊索具是否相匹配。

(3)对吊耳焊缝进行外观检查,确定无明显缺陷。

19. 板式吊耳的使用注意事项有哪些?

(1)板式吊耳与吊索的连接应采用卸扣,不得将吊索与板式吊耳直接连接。

(2)板式吊耳应与吊索具相匹配。

(3)板式吊耳的吊耳板应平直,吊耳板方向应与受力方向一致。

(4)板式吊耳的孔应采用机械加工成型,不得有缺陷。

20. 管轴式吊耳的使用注意事项有哪些?

(1)吊耳宜垂直受力,其受力张角不得大于15°,且应有防止钢丝绳脱落的挡圈。

(2)吊耳管轴的选用长度宜满足钢丝绳的排列股数和工件绝热层厚度的要求。

(3)吊耳的管轴外表面应圆滑,与钢丝绳的接触面之间应采取润滑措施。

21. 起重机的站位应符合哪些要求？

（1）起重机行车路线和站位处应考虑地下管线、窨井等地下隐蔽设施。

（2）起重机站位时应综合考虑工件安装顺序。

（3）现场应有足够的起重机组对场地。

（4）起重机站位的周边环境符合吊装要求。

22. 设置卷扬机的注意事项有哪些？

（1）卷扬机设置地点应便于观察吊装过程及指挥联络，且有足够的安全距离。

（2）安置卷扬机，下面应该用道木垫起，后面用专用地锚固定，其绳扣埋设后进行预拉。每个绳扣预拉力应不小于卷扬机额定负荷的70%，预拉后的绳扣与卷扬机支座固定孔接后找正，以防止卷扬机横向移动，并搭设防雨棚。

（3）卷扬机卷筒到最近一个导向滑轮的距离不得小于卷筒长度的20倍，且导向滑轮的位置应在卷筒的垂直平分线上。

（4）卷扬机出绳的俯、仰角不得大于5°。

（5）卷筒的走绳应均匀缠紧，防止吊装时走绳嵌入绳层。

（6）按照卷扬机使用说明书的要求选择合适的钢丝绳。

23. 在施工现场如何找卷扬机迎门滑轮位置？

沿卷筒两侧挡板（凸缘）在卷扬机正前方确定两个目标，再在两个目标中找中点，如图 2-4-23 所示（距离 L 不得小于卷筒长度 D 的 20 倍）。

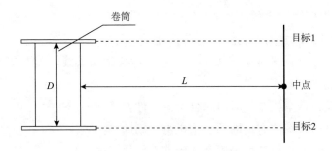

图 2-4-23 迎门滑轮位置找法示意图

24. 吊篮使用的方法及注意事项是什么？

（1）吊篮吊绳长度必须一致，使用质量良好的钢丝绳，使用前要专人检查。

（2）使用吊篮时，地面必须有人用牵引绳调控。

（3）钢丝绳的使用安全系数 $K \geqslant 14$，严禁超载使用。

（4）吊篮应设置配套安全绳。

25. 起重作业中缆风绳与地面夹角一般控制在多少范围之内？

$30° \sim 45°$。

26. 装卸不锈钢工件应怎样进行保护？

（1）不锈钢设备和钢制支座之间应加垫非金属隔离层。

（2）装卸不锈钢材质的设备尽量使用吊装带进行施工，在棱、边等区域需支垫木方进行保护，以避免磨损与变形。

（3）使用钢丝绳时，在绳与工件之间加垫木方隔离。

27. 多台起重机协同吊装作业时如何可以达到多台起重机具自平衡吊装作业状态？

采用串联穿挂、选用平衡梁等吊装专用吊索具。

28. 缆风绳跨越公路时，架空高度有什么要求？

架空高度应不低于6m。

29. 不规则形状工件的翻身作业时，至少同时使用几台起重机？

至少同时使用2台。

30. 工件外包装上标识的符号是什么意思？

如图2-4-24所示，工件外包装上标识的符号表示工件重心。

31. 怎样确定不规则钢板的重心？

对应不规则形状的钢板，可用悬挂法测定其重心位置。方法是用均质薄板（纸板或薄铁板）按比例画出不规则物体的截面形状，并剪下来，在薄板上任取一点A，用细绳悬挂起来，通过A点绘制一条垂线。再另选一点B，悬挂

图2-4-24

起来绘制通过B点的一条垂线，两垂线的交点就是不规则物体的重心。

32. 起重机械作业区域周边环境一般有哪些要求？

（1）起重机械作业范围内应无影响吊装作业的障碍物。

（2）起重机械及工件应与高压输电线路保持安全距离。

（3）起重机械站位处与沟、渠、护坡等留有安全距离。

（4）起重机械站位及行走场地应尽量避开地下设施（地下管线、电缆、桩基和窨井等）。否则，应采取可靠的保护措施，避免吊装作业对地下设施造成损坏和影响吊装安全。

33. 起重机械与高压线的安全距离是如何规定的？

起重机械与架空输电线路间的最小安全距离应符合表2-4-1的规定。

表2-4-1　起重机械与架空输电线路间的最小安全距离

项目	输电导线电压/kV						
	<1	10	35	110	220	330	500
安全距离/m	2.0	3.0	4.0	5.0	6.0	7.0	8.5

34. 起重机站位地基处理一般要求有哪些?

(1)起重机站位地基的承载能力值应满足起重机吊装作业的要求。

(2)起重机站位及行走地基处理应防止积水浸泡。

(3)使用前应对地基的承载情况进行确认。

35. 路基箱的作用是什么?

增大地面的受力面积,降低对地面的压强,保护地下设施。

36. 如何选用移动式起重机?

(1)起重机在所用臂长时的最大起重应大于设备重量。

(2)起重机的吊钩升起的最大高度能满足设备进位的需要。

(3)起重机吊装位置满足现场条件。

(4)在设备起升到所需要就位的最高位置时不能碰撞到起重吊臂。

37. 选择吊装工艺应考虑哪些主要因素?

(1)工件外形尺寸、质量。

(2)现有起重机械资源。

(3)起重能力。

(4)现场条件。

(5)成本和进度要求。

(6)安全。

第五章　运输与装卸

1. 常用运输方式有哪几种?

运输方式一般为陆路运输、水路运输、水陆联运 3 种。

运输方式的选择一般根据起运点和交货点位置、道路情况、水路情况来综合考虑。

陆路运输适合道路条件较好或没有水路的情况。

水陆联运适合工件规格和重量大或交货方一次性交货较多的情况。对交货点靠近江海,码头具备装卸条件的,一般选择水陆联运方式进行运输。

2. 场内道路运输应考虑哪些因素?

根据货物通行需求空间、线路及距离、改造和排障难度、运输时间、运输安全、费用等因素综合考虑。

具体考虑因素包括:道路、桥梁、涵洞等承载能力,道路宽度,转弯半径,扫空区域,空中障碍的净高。

3. 大型工件场内水平运输常用哪几种方法?

(1)滚杠运输;

(2)轨道滑移运输(图 2-5-1);

(3)车板运输;

(4)起重机吊运。

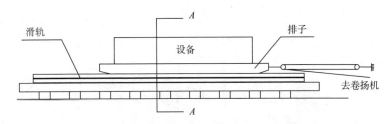

图 2-5-1　轨道滑移运输

4. 车板运输型式有哪几种?

(1)整板运输(图 2-5-2)

整板运输是指通过单板,或多板组合、整个车组的转向统一协调的运输方式。

图 2-5-2　整板运输

(2)跨装运输(图 2-5-3)

通过两个(组)车板承载工件重量,前后两个(组)车板通过回转装置(转盘等)和工件连接的运输方式,俗称挑担运输。

图 2-5-3　跨装运输

5. 运输机械选择的主要依据是什么？

（1）工件的外形尺寸和重量、重心等参数。

（2）道路通行条件。

（3）运输机械性能。

6. 运输鞍座的选用要求有哪些？

（1）鞍座弧板与工件外径尺寸一致。

（2）强度满足工件重量承载要求。

（3）宽度满足通行条件。

（4）有自装卸要求的设备，其运输鞍座应满足自装卸条件。

7. 工件装卸车常用方法有哪些？

叉车装卸、移动式起重机装卸、桥式起重机装卸、门式起重机装卸、液压顶升装卸、自装卸等。

8. 装卸船常用方法有哪些？

滚装法、走排滚杠法、起重机械（岸吊/浮吊等）法。

9. 工件装车的要求有哪些？

（1）载荷要均衡、稳定分布。

（2）装车后应垫稳、捆牢，防止工件移动。

（3）绑扎物件时做好保护。

（4）易于倾斜或倾倒的工件，装车后应采取防倾倒措施。

（5）对于长跨度或有可能产生塑性变形的工件，装车时应采取防止工件变形的措施。

10. 工件的装卸对支、吊点有哪些要求？

（1）工件装卸吊点选取位置应保证工件装卸车过程平稳。

（2）工件装卸用吊点应优先选择工件自带的装卸吊耳或标识指定位置。

(3)支、吊点位置应避开工件管口位置和运输鞍座位置。

11. 卸车场地有什么要求?

(1)满足吊装及运输机械平面布置要求。

(2)满足吊装和运输机械地基承载力要求。

(3)满足卸车后吊装及运输机械退出的要求。

12. 工件现场摆放要求有哪些?

(1)支垫稳固。

(2)分类摆放整齐。

(3)应考虑后续搬运、装车、吊装要求。

13. 工件装卸车的注意事项有哪些?

(1)容易倾倒的工件卸车前应先采取措施进行支撑。

(2)找好工件重心,防止起吊过程发生倾斜。

(3)圆形工件放置后,用枕木等垫稳设备,易倾倒或滚动的工件应采用楔子掩塞等措施防止倾倒或滚动。

(4)卸车过程要对设备表面管口及其附件进行保护。

14. 自装卸支墩的高度如何确定?

应根据自装卸车辆顶升高度范围确定。

15. 道路勘察主要关注哪些方面?

净空安全高度、道路宽度、坡度、转弯半径、扫空区域、路基状况、道路桥梁涵洞承载能力等通行条件。

16. 净空安全高度的含义是什么?

工件在运输时允许安全通过空中障碍时的最大高度为净空安全高度。

17. 运输封车常用的工具、索具有哪些?

运输封车常用的工具、索具主要有手拉葫芦(倒链)、花篮螺栓、紧绳器、卸扣、滑轮组、封车链（封车带）、绑扎带、钢丝绳等。

18. 滚杠搬运工件一般都使用什么材料做滚杠？

无缝钢管或圆钢。

19. 什么是转弯半径？

当车辆转弯时，外侧前车轮驶过的圆形轨迹半径，如图 2-5-4中 R_2 所示。

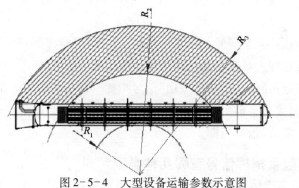

图 2-5-4　大型设备运输参数示意图

R_1—最小转弯半径；R_2—转弯半径；R_3—扫空半径

20. 运输道路弯道半径有什么要求？

弯道半径必须不小于运输车辆的最小转弯半径，见图 2-5-4 中 R_1。

21. 什么是扫空半径？

车辆转弯时所承载工件外轮廓扫过的空中圆形轨迹半径，见图 2-5-4 中 R_3。图中阴影部分为扫空区域。

第六章　起重作业指挥

1. 起重指挥作业应注意的事项有哪些？

(1)起重指挥人员必须持有本岗位特种作业操作证，严禁无证上岗。

(2)指挥人员应佩戴鲜明的标志，如标有"指挥"字样的臂章。

(3)指挥人员发出的指挥信号必须清晰、准确。

(4)起吊时，应先用"微动"信号指挥，待负载离开地面100～200mm稳妥后，再用正常速度指挥。必要时，在负载降落前，也应使用"微动"信号指挥。

2. 起重指挥信号有哪几种类型？

哨音指挥信号、旗语指挥信号、手势指挥信号、无线报话指挥信号。

3. 指挥旗的规格是什么？

指挥旗颜色为红色和绿色，面幅为400mm×500mm，旗杆直径为25mm，旗杆长500mm。

4. 指挥信号的基本规定有哪些？

(1)手势信号以指挥者的手心、手指和手臂表示吊钩、臂杆和机械位移的运行方向。

(2)旗语指挥以指挥者的旗头表示吊钩、臂杆和机械位移的运行方向。

(3)在同时指挥吊臂和吊钩时，指挥者必须分别用左手指挥臂杆，右手指挥吊钩。持旗指挥时，一般左手持红旗，右手持绿旗。

（4）无线报话指挥语言准确清晰。

（5）两台或以上起重机近距离工作时，各指挥人员使用哨音信号时要有明显区别。

5. 哨音指挥信号表达方式是什么？

哨音一般与手势或旗号相配合使用：

（1）一短音连一长音，预备信号；

（2）吹两短声，表示起吊；

（3）连续五至七短音，表示下落；

（4）吹一长声，表示停止。

6. 旗语指挥信号表达方式是什么？

6.1　预备

单手持红绿旗上举（图2-6-1）。

图2-6-1　预备

6.2　要主钩

单手持红绿旗，旗头轻触头顶(图2-6-2)。

图2-6-2　要主钩

6.3　要副钩

一只手握拳，小臂向上不动，另一只手拢红绿旗，旗头轻触前只手的肘关节(图2-6-3)。

图2-6-3　要副钩

6.4　吊钩上升

绿旗上举，红旗自然放下（图2-6-4）。

图2-6-4　吊钩上升

6.5　吊钩下降

绿旗拢起下举，红旗自然放下（图2-6-5）。

图2-6-5　吊钩下降

6.6　吊钩微微上升

绿旗上举，红旗拢起横在绿旗上，相互垂直(图 2-6-6)。

图 2-6-6　吊钩微微上升

6.7　吊钩微微下降

绿旗拢起下指，红旗横在绿旗下，相互垂直(图 2-6-7)。

图 2-6-7　吊钩微微下降

6.8　升臂

绿旗拢起下指，红旗横在绿旗下，相互垂直？（图2-6-8）。

图2-6-8　升臂

6.9　降臂

红旗拢起下指，绿旗自然放下（图2-6-9）。

图2-6-9　降臂

6.10　转臂

红旗拢起，水平指向应转臂的方向(图2-6-10)。

图2-6-10　转臂

6.11　微微升臂

红旗上举，绿旗拢起横在红旗上，互相垂直(图2-6-11)。

图2-6-11　微微升臂

6.12　微微降臂

红旗拢起下指，绿旗横在红旗下，互相垂直(图2-6-12)。

图2-6-12　微微降臂

6.13　微微转臂

红旗拢起，横在腹前，指向应转臂的方向；绿旗拢起，横在红旗前，互相垂直(图2-6-13)。

图2-6-13　微微转臂

6.14　伸臂

两旗分别拢起，横在两侧，旗头外指（图2-6-14）。

图2-6-14　伸臂

6.15　缩臂

两旗分别拢起，横在胸前，旗头对指（图2-6-15）。

图2-6-15　缩臂

6.16 起重机前进

两旗分别拢起，向前上方伸出，旗头由前上方向后摆动(图2-6-16)。

图2-6-16 起重机前进

6.17 起重机后退

两旗分别拢起，向前伸出，旗头由前方向下摆动(图2-6-17)。

图2-6-17 起重机后退

6.18　停止

单旗左右摆动，另外一面旗自然放下（图2-6-18）。

图2-6-18　停止

6.19　紧急停止

双手分别持旗，同时左右摆动（图2-6-19）。

图2-6-19　紧急停止

6.20　紧急停止

双手分别持旗，同时左右摆动（图 2-6-20）。

图 2-6-20　紧急停止

7. 手势指挥信号表达方式是什么?

手势指挥信号必须使被指挥者能清晰辨别且在一般情况下尽量不使用。

如只向一个点发出信号（如指挥吊车）、指挥者离操作者较近，能见度较好等条件下使用时，必须手势清楚。发手势指挥信号时指挥者应尽量不戴手套。严禁戴无指手套发手势指挥信号。手势指挥信号与哨音信号配合使用和手势信号单独使用两种情况。具体的手势指挥信号规定如下:

7.1　预备

手臂伸直，置于头上方，五指自然伸开，手心超前保持不动（图 2-6-21）。

图 2-6-21　预备

7.2　要主钩

单手自然握拳，置于头上，轻触头顶(图 2-6-22)。

图 2-6-22　要主钩

7.3　要副钩

一只手握拳，小臂向上不动，另一只手伸出，手心轻触前只手的肘关节(图2-6-23)。

图2-6-23　要副钩

7.4　吊钩上升

小臂向侧上方伸直，五指自然伸开，高于肩部，以腕部为轴转到(图2-6-24)。

图2-6-24　吊钩上升

7.5 吊钩下降

手臂伸向侧前下方，与身体夹角约30°，五指自然伸开，以腕部为轴转动(图2-6-25)。

图2-6-25　吊钩下降

7.6 吊钩微微上升

小臂伸向侧前上方，手心朝上高于肩部，以腕部为轴，重复向上摆动手掌(图2-6-26)。

图2-6-26　吊钩微微上升

7.7　吊钩微微下降

手臂伸向侧前下方，与身体夹角为30°，手心朝下，以腕部为轴，重复向下摆动手掌(图2-6-27)。

图2-6-27　吊钩微微下降

7.8　指示降落位置

五指伸直，指出负载应降落的位置(图2-6-28)。

图2-6-28　指示降落位置

7.9 停止

小臂水平置于胸前，五指伸开，手心朝下，水平挥向一侧（图 2-6-29）。

图 2-6-29 停止

7.10 紧急停止

两小臂水平置于胸前，五指伸开，手心朝下，同时水平挥向两侧（图 2-6-30）。

图 2-6-30 紧急停止

7.11 工作结束

双手五指伸开，在胸前交叉(图2-6-31)。

图2-6-31 工作结束

7.12 升臂

手臂向一侧水平伸直，拇指朝上，余指握拢，小臂向上摆动
(图2-6-32)。

图2-6-32 升臂

7.13　降臂

手臂向一侧水平伸直，拇指朝下，余指握拢，小臂向下摆动（图2-6-33）。

图2-6-33　降臂

7.14　转臂

手臂水平伸直，指向应转臂的方向，拇指伸出，余指握拢，以腕部为轴转动（图2-6-34）。

图2-6-34　转臂

7.15　微微升臂

一只小臂置于胸前一侧，五指伸直，手心朝下，保持不动。另一只手的拇指对着前手手心，余指握拢，做上下运动(图2-6-35)。

图2-6-35　微微升臂

7.16　微微降臂

一只小臂置于胸前一侧，五指伸直，手心朝上，保持不动。另一只手的拇指对着前手手心，余指握拢，做上下运动(图2-6-36)。

图2-6-36　微微降臂

7.17　微微转臂

一只小臂向前平伸，手心自然朝下内侧。另一只手的拇指指向前只手的手心，余指握拢做转动（图 2-6-37）。

图 2-6-37　微微转臂

7.18　伸臂

两手分别握拳，拳心朝上，拇指分别指向两侧，做相斥运动（图 2-6-38）。

图 2-6-38　伸臂

7.19 缩臂

两手分别握拳，拳心朝下，拇指相对，做相向运动（图2-6-39）。

图2-6-39 缩臂

7.20 履带起重机回转

一只小臂水平前伸，五指自然伸出不动。另一只小臂在胸前作水平重复摆动（图2-6-40）。

图2-6-40 履带起重机回转

7.21　起重机前进

双手臂先向前平伸，然后小臂曲起，五指并拢，手心对着自己，作前后运动(图2-6-41)。

图2-6-41　起重机前进

7.22　起重机后退

双小臂向上曲起，五指并拢，手心朝着起重机，作前后运动(图2-6-42)。

图2-6-42　起重机后退

8. 无线报话指挥有什么要求?

无线报话指挥主要用于无法用旗、哨表达清楚的起重作业。

(1)起重指挥和司机使用的报话机要设置统一的专用频道,一套机组设置一个频道,其它作业人员不得占用。

多车同时作业时,指挥信号要明确到具体单车,如一号车、二号车。

(2)指挥人员发布指令时,必须重复一次;司机听到指令后,必须应答确认后再执行。

指挥中的左右前后的方位用语应为司机的左右前后方位。

(3)起重机司机在遇到机械作业状态变化时,要及时与指挥沟通。

第三篇　违章案例

1. 如图 3-1 所示的工件吊装失衡的违章案例分析及预防措施是什么？

图 3-1　工件吊装失衡

违章分析：吊装管件是呈 U 形的水平涨力管段。在管段平稳起升约 2m 后，U 形管突然失控下滑坠落，造成起重工受伤。

预防措施：吊装前计算好工件重心位置，保证工件吊起后处于平衡状态。

2. 如图 3-2 所示的汽车式起重机支腿下陷的违章分析及预防措施是什么？

违章分析：吊车支腿接地部位地基不良，在吊运工作中，地基发生沉陷而导致倾覆。

预防措施：为避免翻车事故的发生，吊装机械所需的场地必须平整、坚实、4 个支腿必须支垫平稳、牢固，汽车吊车轮必须全部离地。

图 3-2　汽车式起重机支腿下陷

3. 如图 3-3 所示的汽车吊支腿距离基坑太近的违章分析及预防措施是什么?

图 3-3　汽车吊支腿距离基坑太近

违章分析：离基坑距离太近，受力时容易致基坑塌陷。

预防措施：根据规范要求原理基坑作业，受力均匀。

4. 如图 3-4 所示的汽车式起重机行驶过程中钩头未固定的违章分析及预防措施是什么？

图 3-4　汽车式起重机行驶过程中钩头未固定

违章分析：汽车式起重机钩头没有固定，在行驶过程中容易造成钩头晃动严重。

预防措施：汽车式起重机在行驶过程中应将钩头固定好。

5. 汽车式起重机在行驶时操作室内有人的违章分析及预防措施是什么？

汽车式起重机在行驶时操作室内有人的违章案例见图 3-5。

图 3-5　汽车式起重机在行驶时操作室内有人

违章分析：汽车式起重机在行驶过程中，操作室内有人，容易发生意外。

预防措施：在汽车式起重机在行驶过程中，严格执行操作室中不准有人的规定。

6. 吊装时斜拉歪拽的违章分析及预防措施是什么？

吊装时斜拉歪拽的违章案例见图3-6。

图3-6　吊装时斜拉歪拽

违章分析：吊装时斜拉歪拽设备容易造成工件不稳定，并且可能导致吊车倾覆及折臂。

预防措施：增大吊装半径或移车，保证吊装设备时钩头在设备重心的正上方。

7. 吊装作业区域无警示牌的违章分析及预防措施是什么？

吊装作业区域无警示牌的违章案例见图3-7。

违章分析：吊装作业区域无警示牌，警戒线拉设区域不够，无关人员进入吊装区域后容易造成伤害。

预防措施：吊装区域应摆放好警戒牌、警戒线拉设应满足施工区域要求。

图3-7 吊装作业区域无警示牌

8. 吊车打强制开关作业的违章分析及预防措施是什么？

吊车打强制开关作业的违章案例见图3-8。

违章分析：吊车打强制开关进行吊装作业，起重机安全控制系统失去作用，使司机盲目操作，容易发生事故。

预防措施：严禁使用吊车强制开关吊装作业，起重机的安全控制系统发生故障，应及时维修，严禁带病作业。

图3-8 吊车打强制开关作业

9. 如图 3-9 所示的吊车大小钩同时使用的违章分析及预防措施是什么?

图 3-9 吊车大小钩同时使用

违章分析:吊车大小钩同时使用容易造成误操作,发生事故。

预防措施:严禁大小钩同时使用。

10. 吊臂和工件下方有人的违章分析和预防措施是什么?

吊臂和工件下方有人的违章案例见图 3-10。

图 3-10 吊臂和工件下方有人

违章分析：吊车臂杆下方有人，发生事故时容易造成人员伤亡。

预防措施：吊臂下方不准站人，指挥人员应站在起重机左前方。

11. 吊装工件上面站人的违章分析和预防措施是什么？

吊装工件上面站人的违章案例见图 3-11。

图 3-11　吊装工件上面站人

违章分析：在吊装工件时，有人站在工件上，容易发生坠落的事故。

标准及规范要求："十不吊"中规定工件上面有人不吊。

预防措施：吊装作业时，工件上严禁站人。

12. 如图 3-12 所示的一对吊索捆绑吊装的违章分析及预防措施是什么？

违章分析：吊装物件时采用单股吊带捆绑。

标准及规范要求：不得采用单股索具捆绑吊装，应采用双头绕圈使用。

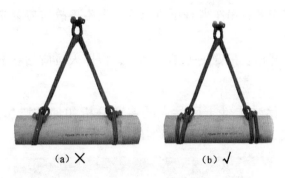

（a）✗   （b）✓

图3-12　一对吊索捆绑吊装

预防措施：吊装物件时，吊装索具应采用双头绕圈使用。

13. 工件棱角处未加防护措施的违章分析及预防措施是什么？

工件棱角处未加防护措施的违章案例见图3-13。

图3-13　工件棱角处未加防护措施

违章分析：在吊装捆绑有棱角的工件时未做防护，容易把钢丝绳割断，引发事故。

标准及规范要求：钢丝绳不得与设备或构筑物的棱角直接接触，必需接触时应采取保护措施。

预防措施：工件棱角尖角与绳扣接触处，应垫方木和半圆钢管，以免损坏钢丝绳扣。

14. 如图3-14所示的吊装带打结使用的违章分析及预防措施是什么？

图3-14 吊装带打结使用

违章分析：吊装带在使用的过程中，折叠、打结使用，容易对吊装带造成损坏，引发安全事故。

预防措施：吊带在使用时不能打结使用。

15. 吊装捆绑时未用卸扣锁死的违章分析及预防措施是什么？

吊装捆绑时未用卸扣锁死的违章案例见图3-15。

违章分析：在吊装捆绑工件时，吊装带未用卸扣锁死，吊装过程中，吊带容易损坏，工件容易脱落造成事故。

图 3-15 吊装捆绑时未用卸扣锁死

预防措施：在用吊装带或钢丝绳进行物件捆绑时，应用卸扣进行锁死，防止吊带损坏及吊物在吊装过程中脱落，造成事故。

16. 吊索与钩头连接时，未正确挂吊索的违章分析及预防措施是什么？

吊索与钩头连接时，未正确挂吊索的违章案例见图 3-16。

图 3-16 吊索与钩头连接时，未正确挂吊索

违章分析：(1)在选择钢丝绳或吊装带时，选用的钢丝绳或吊装带过短，导致吊装时没有余量，容易使钢丝绳或吊装带脱钩，发生危险。(2)钩头的吊装安全扣没有合上，容易导致脱钩。

预防措施：在选用钢丝绳或吊装带时，不能过长或过短，而且在挂好索具后，要将安全扣合上再吊装。

17. 卸扣使用不当的违章分析及预防措施是什么？

卸扣使用不当的违章案例见图 3-17。

图 3-17　卸扣使用不当

违章分析：在用卸扣把钢丝绳锁死时，卸扣使用不当，受力后容易造成卸扣无法正常拆卸。

预防措施：图中卸扣使用方向错误，应重新栓挂。

18. 如图 3-18 所示的有挤压危险的违章分析及预防措施是什么？

违章分析：在吊装工件时，作业人员站在狭小空间区域，容易造成挤压伤害。

预防措施：在吊装过程中，严禁人员在工件夹缝之间作业。

图 3-18　有挤压危险的违章案例

19. 如图 3-19 所示的有挤伤手脚危险的违章分析及预防措施是什么?

图 3-19　有挤伤手脚危险的违章案例

违章分析:在工件回落时,将手脚放在工件之下,容易产生挤压手脚的事故。

预防措施:在工件下方需要支垫时,可用道木或其他支撑物进行支垫,手和脚要远离工件下方,以免挤伤手脚。

20. 如图 3-20 所示的散件捆绑不牢的违章分析及预防措施是什么？

图 3-20 散件捆绑不牢

违章分析：吊装散件时捆绑不牢，容易发生滑落。

预防措施：散件吊装需要严格摆放整齐，并捆绑牢固后方可进行吊装。

21. 吊钩防脱钩装置缺失的违章分析及预防措施是什么？

吊钩防脱钩装置缺失的违章案例见图 3-21。

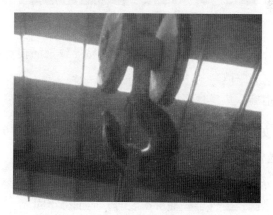

图 3-21 吊钩防脱钩装置缺失

违章分析：钩头防脱钩挡板缺失，会导致索具从钩头上滑落。

预防措施：加设防脱销挡板。

22. 卡环使用钢筋棍代替销轴的违章分析及预防措施是什么？

卡环使用钢筋棍代替销轴的违章案例见图3-22。

图3-22 卡环使用钢筋棍代替销轴

违章分析：卡环用钢筋棍代替销轴易导致钢筋棍弯曲、断裂和脱落，发生事故。

预防措施：更换合格的卡环。

23. 如图3-23所示的工件捆绑错误的违章分析及预防措施是什么？

违章分析：捆绑不牢固，易发生滑脱事故。

预防措施：工件堆叠捆绑吊装时，应捆绑牢固。

图 3-23 工件捆绑错误

24. 如图 3-24 所法的吊装捆绑点选择错误的违章分析及预防措施是什么？

图 3-24 吊装捆绑点选择错误

违章分析：工件管口无法承受吊装载荷，容易损坏工件。

预防措施：捆绑吊装应选择合适的吊点，确保不会损坏工件。

25. 如图 3-25 所示的钩头固定绳索选择错误的违章分析及预防措施是什么？

图 3-25　钩头固定绳索选择错误

违章分析：汽车式起重机行驶时固定钩头所用绳索损坏严重，不宜再使用。

预防措施：定期检查绳索，发现损坏即使更新。

26. 如图 3-26 所示的吊带损坏，不应使用的违章分析及预防措施是什么？

违章分析：吊带已经损坏，应报废处理，不能再进行吊装作业。

预防措施：吊装前对吊索具进行检查，发现损坏严重，符合报废条件的应立即报废处理。

图 3-26　吊带损坏，不应使用

27. 钢丝绳断丝严重的违章分析及预防措施是什么？

钢丝绳断丝严重的违章案例见图 3-27。

违章分析：钢丝绳断丝现象严重，不能继续使用，应报废处理。

预防措施：吊装前对吊索具进行检查，发现损坏严重，符合报废条件的应立即报废处理。

图 3-27　钢丝绳断丝严重

第四篇　安全知识

1. 什么是"十不吊"？

(1)指挥信号不明或违章指挥不吊；

(2)超载不吊；

(3)工件捆绑不牢不吊；

(4)吊物上面有人不吊；

(5)安全装置不灵不吊；

(6)工件埋在地下不吊；

(7)光线阴暗视线不清不吊；

(8)棱角物件无防护措施不吊；

(9)斜拉工件不吊；

(10)六级以上强风不吊。

2. 起重机安全装置主要有哪些？

常用的安全装置主要有：缓冲器、力矩限制器、高度限位器、防后倾装置、制动装置、水平仪、幅度指示器和风速仪等。

3. 双机抬吊作业的安全要求有哪些？

(1)每台起重机的承载不能超过额定载荷的80%。

(2)吊点位置的选择应合理。

(3)在起吊过程中，必须设立一个主指挥，至少一个副指挥。

(4)尽量选择同一型号的起重机。

4. 什么天气下不能进行吊装作业？

在雷雨、大雪、大雾、沙尘、能见度低、台风、风力等级≥六级等恶劣条件下，不得进行大型设备吊装作业。

5. 作业过程中主要有哪些安全注意事项？

(1)凡参加起重作业的指挥、司索及辅助作业人员都必须坚守工作岗位，统一指挥，统一行动，确保作业安全。

（2）工件应平稳，避免摆动。

（3）任何人不得随同工件或起重机升降。

（4）在起重作业范围内设置明显的警戒标志，严禁非作业人员进入。在作业进行中，任何人不得站立在已吊起的设备下方。

（5）当在室外作业时，遇到六级以上大风、雾天、雨、雪等恶劣气候应立即停止作业。

（6）在吊装过程中，如因故中断作业，必须采取安全可靠的措施，不得使设备悬空过夜。

6. 高处作业的人员需进行哪些检查？有哪些注意事项？

高处作业人员，必须经医院体检合格。

注意事项：

（1）高处作业者应佩戴安全带，安全带要高挂低用。

（2）要使用合格的安全带。

（3）高处作业的工具如扳手、撬棍、螺丝刀等，应拴保险绳，防止在使用时脱手从高空坠落伤人。

（4）高处作业人员不得上下抛物，而应用麻绳把工具拴好上下递送。

（5）高处作业不得穿硬底鞋（如皮鞋、塑料底鞋等）。

（6）雨、雪天进行高空作业应采取防滑措施。

7. 移动式起重机"倾翻"事故的原因有哪些？

（1）超负荷吊装。

（2）斜拉歪拽。

（3）地基不符合要求。

（4）起重机回转速度过快，突然制动车。

8. 移动式起重机"倾翻"事故的防范措施有哪些？

（1）严格按规范要求操作，严禁超载吊装。

(2)严禁起吊不明重量的工件，严禁歪拉斜拽。

(3)地基承载力应符合方案要求。

(4)起重机回转速度要缓慢，避免紧急制动。

9. 移动式起重机折臂事故的主要原因有哪些？

(1)超负荷吊装。

(2)斜拉歪拽造成的超负荷。

(3)冲击载荷的作用。

(4)吊装过程中撞杆。

10. 移动式起重机折臂事故的防范措施有哪些？

(1)严格按规范要求操作，严禁超载吊装。

(2)严禁起吊不明重量的工件，严禁歪拉斜拽。

(3)吊装过程应缓慢平稳。

(4)臂杆与工件、障碍物之间应有足够的安全距离。

11. 警戒区域的布置原则？

以起重机臂杆长度为半径的扫空范围应设置警戒线，专人警戒，吊装作业时无关人员严禁入内。

12. 起重作业中"三不违"是什么？

不违章指挥、不违章作业、不违反劳动纪律。

13. 起重作业中"四不伤害"是什么？

不伤害自己、不伤害他人、不被他人伤害、保护他人不受伤害。

14. 起重作业属于特种作业，需取得什么资格证？

起重施工人员应取得《特种作业人员操作证》，特种设备作业人员应取得《特种设备作业人员操作证》，方可从事起重施工作业。

附 录

附录1 压制钢丝绳扣性能参数

压制钢丝绳接头结构形式（附图1-1）分为圆柱形接头（WAF）、圆柱倒角形接头（WBF）和圆柱锥端形接头（WCF）。

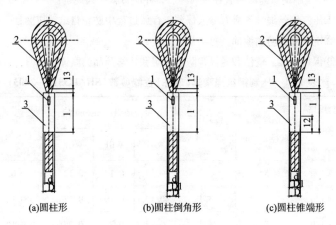

(a)圆柱形　　　　　(b)圆柱倒角形　　　　　(c)圆柱锥端形

附图1-1　压制钢丝绳接头结构示意

1—标记；2—绳套；3—钢丝绳接头

压制钢丝绳索具见附图1-2，压制钢丝绳绳索用的钢丝绳级别为1670级，即1670N/mm²。

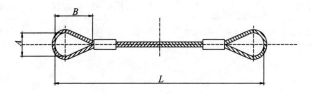

附图1-2　压制钢丝绳索示意

注：

（1）压制钢丝绳绳索性能参数参见附表1-1、附表1-2。

（2）压制的钢丝绳索不得超载使用。

（3）压制钢丝绳索的钢丝绳报废应符合 SH/T 3536 的规定。

（4）压制钢丝绳接头出现下列情况之一时，应报废：

①接头有滑移、变形和裂纹；

②接头附近出现集中断丝或断丝在根部附近；

③压制的钢丝绳绳索接头的固结力达不到钢丝绳最小破断拉力的90%。

（5）压制钢丝绳绳索宜在室内存放，并应符合下列规定：

①压制钢丝绳绳索应有专人保养，存放过程中防止打结、扭曲；

②定期涂刷防锈漆油，每年最少一次；

③保持干燥、清洁和通风，防止潮湿和化学药品的腐蚀。

附表1-1　压制钢丝绳索具（麻芯）性能参数（SH/T 3515—2003）

绳套规格 $A \times B$/ （mm × mm）	钢丝绳 直径 d/mm	工作 载荷/kN	单位质量/（kg/m）			增加一米 质量/kg
			WAF	WBF	WCF	
50×100	5	2.2	0.12	0.13	0.12	0.08
60×120	6	3.1	0.17	0.19	0.17	0.12
70×140	7	4.3	0.25	0.27	0.25	0.17
80×160	8	5.6	0.33	0.37	0.33	0.22
90×180	9	7.1	0.44	0.51	0.46	0.27
100×200	10	8.8	0.57	0.62	0.59	0.34
110×220	11	10	0.72	0.80	0.74	0.41
120×240	12	12.5	0.89	0.94	0.92	0.49

续表

绳套规格 $A \times B/$ （mm × mm）	钢丝绳 直径 d/mm	工作 载荷/kN	单位质量/（kg/m）			增加一米 质量/kg
			WAF	WBF	WCF	
130×260	13	15	1.08	1.19	1.12	0.57
140×280	14	17	1.30	1.40	1.34	0.66
160×320	16	22	1.82	2.02	1.88	0.86
180×360	18	28	2.45	2.84	2.54	1.09
200×400	20	35	3.22	3.92	3.35	1.35
220×440	22	42	4.12	5.05	4.27	1.63
240×480	24	50	5.21	6.54	5.38	1.94
260×520	26	60	6.40	8.02	6.64	2.28
280×560	28	70	8.78	9.63	9.08	2.64
300×600	30	80	10.01	11.79	10.47	3.03
320×640	32	90	11.12	13.77	11.62	3.45
360×720	36	110	15.29	18.99	15.91	4.37
400×800	40	140	20.33	25.86	21.17	5.39
440×880	44	170	27.73	31.32	27.92	6.52
480×960	48	200	35.16	40.21	35.56	7.76
520×1040	52	240	41.54	47.63	42.11	9.11
560×1120	56	275	42.95	49.12	43.52	10.6
600×1200	60	300	65.39	71.98	66.89	12.1
640×1280	63	335	76.98	83.42	77.43	13.8
660×1320	67	380	83.96	90.11	85.69	14.7

注：1. 本表工作载荷与破断载荷之比为 1∶5；

　　2. 索具绳套可加套环，也可不加套环。

附表 1－2　压制钢丝绳索具(钢芯)性能参数

绳套规格 $A \times B/$ (mm × mm)	钢丝绳直径 $d/$mm	工作载荷/kN	单位质量/(kg/m)			增加一米质量/kg
			WAF	WBF	WCF	
50 × 100	5	2.4	0.14	0.15	0.14	0.09
60 × 120	6	3.4	0.22	0.23	0.22	0.14
70 × 140	7	4.7	0.31	0.33	0.31	0.19
80 × 160	8	6.1	0.36	0.40	0.36	0.24
100 × 200	10	9.5	0.65	0.70	0.63	0.38
120 × 240	12	13	1.01	1.00	0.98	0.55
140 × 280	14	18	1.50	1.60	1.50	0.75
160 × 320	16	24	2.10	2.20	2.00	0.98
180 × 360	18	30	2.80	3.10	2.70	1.23
200 × 400	20	38	3.70	4.30	3.60	1.52
220 × 440	22	46	4.70	5.50	4.60	1.84
240 × 480	24	55	5.50	7.10	5.80	2.19
260 × 520	26	65	7.30	8.70	7.10	2.58
280 × 560	28	75	9.95	10.50	9.70	2.99
320 × 640	32	98	12.80	15.00	12.30	3.90
360 × 720	36	125	17.60	20.60	16.90	4.94
400 × 800	40	150	23.50	28.10	22.60	6.10
440 × 880	44	185	31.00	34.40	30.80	7.38
480 × 960	48	220	39.50	44.20	39.10	8.78
520 × 1040	52	260	47.10	52.60	46.50	10.30
560 × 1120	56	300	49.50	55.10	48.90	11.90

续表

绳套规格 $A \times B/$ (mm×mm)	钢丝绳直径 $d/$mm	工作载荷/kN	单位质量/(kg/m)			增加一米质量/kg
			WAF	WBF	WCF	
600×1200	60	330	74.70	79.80	73.20	13.70
640×1280	63	365	86.80	92.70	86.30	15.60
660×1320	67	414	95.80	100.2	94.10	16.60

注：1. 本表工作载荷与破断载荷之比为 1:5；

　　2. 索具绳套可加套环，也可不加套环。

附录 2 无接头钢丝绳索性能参数

附表 2-1 无接头绳索性能参数

项　目			单只工作载荷/kg	双只工作载荷/kg			四只工作载荷/kg	
钢丝绳直径 d/mm	单位质量/(kg/m)	最小破断力/kN	$\alpha=0°$	$\alpha=45°$	$\alpha=90°$	$\alpha=45°$	$\alpha=90°$	
10	0.21	60	1000	1800	1400	3700	2800
12	0.35	100	1600	3000	2000	5800	4000
16	0.59	180	3000	5600	4000	11200	8000
19	0.84	240	4000	7400	5600	14800	11200
23	1.51	380	6300	11700	8800	23400	17600
29	2.36	480	8000	14800	11300	29600	22600
34	2.86	600	10000	18500	14100	37000	28200
40	3.99	900	15000	27800	21200	55600	42400
46	6.02	1200	20000	37000	28200	74000	56400

续表

项 目			单只工作载荷/kg	双只工作载荷/kg		四只工作载荷/kg	
钢丝绳直径 d/mm	单位质量/(kg/m)	最小破断力/kN	$\alpha = 0°$	$\alpha = 45°$	$\alpha = 90°$	$\alpha = 45°$	$\alpha = 90°$
54	7.63	1500	25000	46300	35300	92600	70600
60	9.45	2000	32000	59200	45100	118400	90200
67	11.41	2400	40000	74000	56400	148000	112800
75	13.58	3000	50000	92500	70500	185000	141000
80	15.96	3600	60000	111000	85000	222000	170000
87	18.48	4200	70000	130000	99000	260000	198000
95	24.15	4800	80000	148000	113000	296000	226000
100	27.30	5880	98000	181000	138000	362000	276000
110	30.59	6900	115000	213000	162000	426000	324000
118	41.58	7800	130000	241000	183000	4820000	366000
135	46.9	10200	170000	310000	240000	610000	470000
148	55.79	12000	200000	370000	280000	720000	560000
160	65.52	11400	240000	440000	340000	860000	670000
172	76.3	16800	280000	520000	400000	1000000	780000
184	89.6	18000	300000	550000	420000	1080000	840000
196	102.2	20400	340000	630000	480000	1220000	950000

续表

项　目			单只工作载荷/kg	双只工作载荷/kg			四只工作载荷/kg	
钢丝绳直径 d/mm	单位质量/(kg/m)	最小破断力/kN	$\alpha=0°$	$\alpha=45°$	$\alpha=90°$	$\alpha=45°$	$\alpha=90°$	
208	115.5	22800	380000	700000	537000	1360000	1060000
220	129.5	25200	420000	770000	594000	1500000	1170000
234	144.2	28200	470000	870000	660000	1690000	1310000
246	159.6	31200	520000	960000	735000	1870000	1450000
258	175.7	34200	570000	1050000	800000	2050000	1600000
276	201.6	39600	660000	1220000	930000	2370000	1840000
295	229.6	45000	750000	1380000	1060000	2700000	2100000
306	249.2	49200	820000	1520000	1160000	2950000	2290000
324	280.0	55200	920000	1700000	1300000	3310000	2570000
336	301.7	59400	990000	1800000	1400000	3560000	2770000
356	335.3	66000	1100000	2030000	1550000	3960000	3080000
368	359.1	72000	1200000	2220000	1700000	4320000	3360000

附录3　D型卸扣、弓型卸扣参数

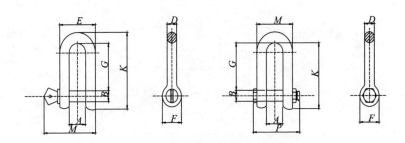

附图 3-1　D 型卸扣(DW)参数

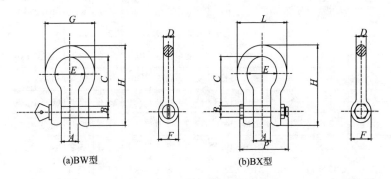

(a)BW型　　　　　　　　　(b)BX型

附图 3-2　弓型卸扣结构示意

卸扣规格型号表示方法由4组符号组成：

（1）第一组为一位拼音字母和一位阿拉伯数字加圆括号，表示强度等级；

（2）第二组为两位拼音字母，表示结构形状；

（3）第三组为阿拉伯数字和重量单位，表示起重量，单位为t；

（4）第四组为阿拉伯数字，表示本体直径，单位为in。

示例：

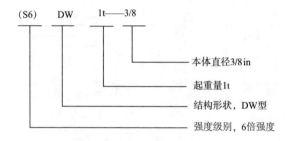

附表3-1　D型卸扣（DW）参数

本体直径/in	额定载荷/kN	破断载荷/kN	A/mm	B/mm	D/mm	E/mm	F/mm	G/mm	K/mm	M/mm	质量/kg
1/4	5	20	12.0	7.9	6.4	23.9	15.5	22.4	40.4	35.1	0.05
5/16	7.5	30	13.5	9.7	7.9	29.5	19.1	26.2	48.5	42.2	0.08
3/8	10	40	16.8	11.2	9.7	35.8	23.1	31.8	58.4	51.6	0.13
7/16	15	60	19.1	12.7	11.2	41.4	26.9	36.6	67.6	60.5	0.20
1/2	20	80	20.6	16.0	12.7	45.0	30.2	41.4	77.0	68.3	0.27
5/8	32.5	130	27.0	19.1	16.0	58.7	38.1	50.8	95.3	84.8	0.57
3/4	47.5	190	31.8	22.4	19.1	69.9	46.0	60.5	115.1	100.8	1.19
7/8	65	260	36.6	25.4	22.4	81.0	53.1	71.4	135.4	114.3	1.43
1	85	340	43.0	28.7	25.4	93.7	60.5	81.0	150.9	128.8	2.15

续表

本体直径/in	额定载荷/kN	破断载荷/kN	A/mm	B/mm	D/mm	E/mm	F/mm	G/mm	K/mm	M/mm	质量/kg
11/8	95	380	46.0	31.8	28.7	103.1	68.3	90.9	172.2	142.0	3.06
11/4	120	480	51.6	35.1	31.8	115.1	76.2	100.1	190.5	156.5	4.11
1⅜	135	540	57.2	38.1	35.1	127.0	94.1	111.3	210.3	173.7	5.28
1½	170	680	60.5	41.4	38.1	136.6	91.1	122.2	230.1	186.7	7.23
1¾	250	1000	73.2	50.8	44.5	162.1	106.4	146.1	278.6	230.6	12.13
2	350	1400	82.6	57.2	50.8	184	122.2	171.5	311.9	262.6	19.19
2½	550	2200	105.0	69.6	66.5	238.3	144.5	203.2	376.9	330.2	32.55

附表 3-2　D 型卸扣（DX）参数

本体直径/in	额定载荷/kN	破断载荷/kN	A/mm	B/mm	D/mm	F/mm	G/mm	K/mm	M/mm	P/mm	质量/kg
5/8	32.5	130	26.9	19.1	16.0	38.1	50.8	95.3	58.7	89.7	0.67
3/4	47.5	190	31.8	22.4	19.1	45.0	60.5	115.1	70.0	103.4	1.19
7/8	65	260	36.6	25.4	22.4	53.1	71.4	135.4	81.0	119.6	1.75
1	85	340	42.9	28.7	25.4	60.5	81.0	150.9	93.7	134.9	2.52
1⅛	95	380	46.0	31.8	28.7	68.6	90.9	172.2	103.1	149.9	3.45
1¼	120	480	51.6	35.1	31.8	76.2	100.0	190.5	115.1	165.4	4.90
1⅜	135	540	57.2	38.1	35.1	84.1	111.3	210.3	127.0	183.1	6.24
1½	170	680	60.5	41.4	38.1	92.2	122.2	230.1	136.7	196.3	8.39
1¾	250	1000	73.2	50.8	44.5	106.4	146.1	278.6	162.1	229.8	14.24
2	350	1400	82.6	57.2	50.8	122.2	171.5	311.9	184.2	264.4	19.19
2½	550	2200	104.9	70.0	66.5	144.5	203.2	377.0	238.3	344.4	38.56
3	850	3400	127.0	82.6	76.2	165.1	215.9	428.8	279.4	419.1	56.36

续表

本体直径/in	额定载荷/kN	破断载荷/kN	A/mm	B/mm	D/mm	F/mm	G/mm	K/mm	M/mm	P/mm	质量/kg
3½	1200	4800	133.4	95.3	91.9	203.2	240	481	317	482.6	91
4	1500	6000	139.7	108.0	104.1	228.6	265	537.5	348	501.7	141.4
5	3000	12000	200	150	130	320	380	745	460	644	341
6½	5000	20000	240	185	165	390	450.5	903	570	779	634
8	8000	32000	300	234	207	493	550	1120.5	714	952	1228
9½	10000	40000	390	265	240	556	640.5	1291	870	1138	1308
10 1/2	15000	60000	450	325	270	680	820.5	1593	990	1295	3133

附表 3-3　弓型卸扣(BW)参数

本体直径/in	额定载荷/kN	破断载荷/kN	A/mm	B/mm	C/mm	D/mm	E/mm	F/mm	G/mm	H/mm	质量/kg
1/4	5	20	11.9	7.9	28.7	6.4	19.8	15.5	32.5	46.7	0.05
5/16	7.5	30	13.5	9.7	30.9	7.9	21.3	19.1	37.3	53.1	0.09
3/8	10	40	16.8	11.2	36.6	9.7	26.2	23.1	45.2	63.2	0.14
7/16	15	60	19.1	12.7	42.9	11.2	29.5	26.9	51.6	73.9	0.17
1/2	20	80	20.6	16.0	47.8	12.7	33.3	30.2	58.7	83.3	0.33
5/8	32.5	130	26.9	19.1	60.5	16.0	42.9	38.1	74.7	106.4	0.62
3/4	47.5	190	31.8	22.4	71.4	19.1	50.8	46.0	88.9	126.2	1.07
7/8	65	260	36.6	25.4	84.1	22.4	57.9	53.1	102.4	148.1	1.64
1	85	340	42.9	28.7	95.3	25.4	68.3	60.5	119.1	166.6	2.28
1⅛	95	380	45.0	31.8	108.0	29.5	73.9	68.3	131.1	189.7	3.36
1¼	120	480	51.6	35.1	119.1	32.8	82.6	76.2	146.1	209.6	4.31
1⅜	135	540	57.2	38.1	133.4	36.1	92.2	84.1	162.1	232.7	6.14
1½	170	680	60.5	41.4	146.1	39.1	98.6	92.2	174.8	254.0	7.80
1¾	250	1000	73.2	50.8	177.8	46.7	127.0	106.4	225.0	314.4	12.60
2	350	1400	82.6	57.2	196.9	52.8	146.1	122.2	253.2	347.5	20.41
2½	550	2200	104.9	69.6	266.7	68.8	184.2	144.5	326.9	453.1	38.90

附表 3-4 弓型卸扣 (BX) 参数

本体直径/in	额定载荷/kN	破断载荷/kN	A/mm	B/mm	C/mm	D/mm	E/mm	F/mm	H/mm	L/mm	P/mm	质量//kg
5/8	32.5	130	26.9	19.1	60.5	16.0	42.9	38.1	06.4	74.7	89.7	0.76
3/4	47.5	190	31.8	22.4	71.4	19.1	50.8	45.0	26.2	88.9	103.4	1.23
7/8	65	260	36.6	25.4	84.1	22.4	57.9	53.1	148.1	102.4	119.6	1.79
1	85	340	42.9	28.7	95.3	25.4	68.3	60.5	166.6	119.1	134.9	2.57
1⅛	95	380	46.0	31.8	108.0	28.7	73.9	68.3	189.7	131.1	149.9	3.75
1¼	120	480	51.6	35.1	119.1	31.8	82.6	76.2	209.6	146.1	165.4	5.31
1⅜	135	540	57.2	38.1	133.4	35.1	92.2	84.1	232.7	162.1	183.1	7.18
1½	170	680	60.5	41.4	140.1	38.1	98.6	92.2	254.0	174.8	196.3	9.43
1¾	250	1000	73.2	50.8	177.8	44.5	127.0	106.4	313.4	225.0	229.8	15.38
2	350	1400	82.6	57.2	196.9	50.8	146.1	122.2	347.5	253.2	264.4	23.70
2½	550	2200	104.9	70.0	266.7	66.5	184.2	144.5	453.1	326.9	344.4	44.57
3	850	3400	127.0	82.6	330.2	76.2	200.2	165.1	546.1	364.7	419.1	69.85
3½	1200	4800	133.4	95.3	371.6	91.9	228.6	203.2	625.6	419.1	482.6	120.20
4	1500	6000	139.7	108.0	368.3	104.1	254.0	228.6	652.5	467.9	501.7	153.32
5	3000	12000	200	150	450	130	300	320	815	560	644	363
6½	5000	20000	240	185	557.5	165	360	390	1010	690	779	684
8	8000	32000	300	234	660	207	440	493	1230.5	854	952	1313
9½	10000	40000	390	265	780.5	240	560	556	1431	1040	1138	2040

附录4 宽体卸扣规格参数

附表4-1 宽体卸扣规格参数

工作载荷 WLL/t	扣体宽度 P/mm	销轴直径 D/mm	扣体内宽 W/mm	扣体内长 S/mm	扣体内侧直径 2r/mm
55	100	57	85	240	160
85	130	76	110	310	200
120	150	85	130	365	220
150	170	95	140	390	250
200	205	105	150	460	280
300	265	134	185	630	350
400	320	160	220	650	370
500	340	180	250	680	450
600	370	200	275	740	490
700	400	215	300	750	540
800	420	230	325	850	554
900	440	255	350	850	584
1000	460	270	380	850	614
1250	530	300	430	930	644
1500	560	320	460	950	680
2000	600	385	500	1050	680

附录5 吊装带最大载荷

圆形吊装带			
扁平吊装带			
成套软吊索		—	—
吊装方式系数	1.0	0.8	2.0
公称级别	单根吊装工作载荷/kg		
500kg	500	400	1 000
1 000kg	1 000	800	2 000
2 000 kg	2 000	1 600	4 000
3 000 kg	3 000	2 400	6 000
4 000 kg	4 000	3 200	8 000
5 000 kg	5 000	4 000	10 000
6 000 kg	6 000	4 800	12 000
8 000 kg	8 000	6 400	16 000
10 000 kg	10 000	8 000	20 000

续表

公称级别	单根吊装工作载荷/kg		
12 000 kg	12 000	9 600	24 000
15 000 kg	15 000	12 000	30 000
20 000 kg	20 000	16 000	40 000
25 000 kg	25 000	20 000	50 000
30 000 kg	30 000	24 000	60 000
40 000 kg	40 000	32 000	80 000
50 000 kg	50 000	40 000	100 000
60 000 kg	6 0000	48 000	120 000
80 000 kg	80 000	64 000	160 000
100 000 kg	100 000	80 000	200 000
200 000 kg	200 000	160 000	400 000
300 000 kg	300 000	240 000	600 000
400 000 kg	400 000	320 000	800 000
500 000 kg	500 000	400 000	1 000 000
600 000 kg	600 000	480 000	1 200 000
700 000 kg	700 000	560 000	1 400 000
800 000 kg	800 000	640 000	1 600 000
900 000 kg	900 000	720 000	1 800 000
1 000 000 kg	1 000 000	800 000	2 000 000